中国科学院岩溶地质研究所基础科学研究专项基金：No.DD20230547、No.2023010、No.2023018；

国家自然科学基金项目：No.41702271、No.42177075、No.41977166、No.42377081、No.42377069；

广西自然科学基金项目：No.2017JJB150148y、No.2023JJA150068、No.GuikeAB21196050；

自然资源科技战略研究项目：No.2023-ZL-23；

重庆师范大学博望学者计划青年拔尖人才项目：No. BWQB2023016；

重庆自然科学基金：No.CSTB2022NSCQ-LZX0022；

重庆市教委科技攻坚项目：No.KJQN202300502；

广西自然科学基金项目：2022GXNSFAA035604、2018GXNSFDA050002；

广西科技计划项目：AB22035010

在线高频水质监测
新方法与实践

李建鸿　著

U0325682

中国海洋大学出版社

·青岛·

图书在版编目（CIP）数据

在线高频水质监测新方法与实践 / 李建鸿著 .

青岛 ： 中国海洋大学出版社， 2025. 1. -- ISBN 978-7-5670-4058-8

Ⅰ．X832

中国国家版本馆 CIP 数据核字第 2024VY1843 号

在线高频水质监测新方法与实践
ZAIXIAN GAOPIN SHUIZHI JIANCE XIN FANGFA YU SHIJIAN

出 版 人	刘文菁		
出版发行	中国海洋大学出版社有限公司		
社　　址	青岛市香港东路 23 号	邮政编码	266071
网　　址	http://pub.ouc.edu.cn		
责任编辑	郑雪姣	电　　话	0532-85901092
电子邮箱	zhengxuejiao@ouc-press.com		
图片统筹	寒　露		
装帧设计	寒　露		
印　　制	定州启航印刷有限公司		
版　　次	2025 年 1 月第 1 版		
印　　次	2025 年 1 月第 1 次印刷		
成品尺寸	170 mm × 240 mm	印　　张	13
字　　数	200 千	印　　数	1 ～ 1000
定　　价	88.00 元		
订购电话	0532-82032573（传真）　18133833353		

发现印刷质量问题，请致电 18133833353 进行调换。

前　言

在当今世界，水体污染已成为影响生态系统和人类健康的主要环境问题。面对这一环境问题，有效的水质监测成为关键的工具。水质监测不仅可以帮助人们了解水体当前的状况，还能预测未来的变化趋势。因此，本书介绍了当前在线高频水质监测的方法和实践，并探讨了这些方法在水质管理中的应用。

第1章总结了与在线高频水质监测相关的内容。介绍了在线高频水质监测的概念，阐释了水质监测的历史背景与重要性，揭示了高频水质监测技术的发展与应用，对在线与传统水质监测方法进行了比较。

第2章主要介绍了高频监测技术与设备。详细描述了高频监测的关键技术、传感器技术与数据采集技术、在线监测系统、设备的校准与维护等相关内容。

第3章探索了在线高频水质监测中的化学检测新方法。介绍了现代化学分析技术、发展中的化学传感器与生物传感器、自动化化学分析系统的构建，讨论了化学监测数据的高级整合技术。

第4章重点介绍了在线高频水质监测中的物理检测新方法。详细介绍了物理监测技术、物理传感器技术的应用与前景、物理监测技术的高效应用，以及物理监测技术在不同环境中的应用及发展。

第5章关注在线高频水质监测的应用领域。提供了在线高频水质监测在多种环境中的实际案例，如河流与湖泊的水质监测、城市供水系统的在线监控、工业废水处理的水质监测，以及农业用水监测。

第 6 章讨论了在线高频水质监测的策略与规划。详细阐述了在线高频水质监测项目的设计与规划，介绍了针对特定场景的在线高频水质监测策略，阐述了在线高频水质监测的风险评估与管理，讲解了在线高频水质监测的持续监测与数据管理。

第 7 章集中介绍了在线高频水质监测系统的维护、性能优化与未来发展。介绍了在线高频水质监测设备的维护，探讨了在线高频水质监测系统性能的评估与优化，介绍了在线高频水质监测系统在长期运行中的问题与解决方案，展望了在线高频水质监测系统的技术升级与未来适应性。

第 8 章展望了在线高频水质监测的发展方向。探讨了新技术在在线高频水质监测中的应用、水中溶解性气体的在线高频监测、在线高频水质监测面对的挑战与应对，以及在线高频水质监测未来的研究方向与重点。

本书旨在为读者提供一个在线高频水质监测指南，不仅展示了在线高频水质监测在水质管理中的重要性，还指引了未来技术的发展方向和应用潜力。在当今环境问题日益严峻的背景下，在线高频水质监测成了不可或缺的方法。本书提供的见解将帮助读者更好地理解和应用这些先进的监测方法。

在本专著的撰写和研究过程中，特别感谢于爽、张陶、蒲俊兵、任坤、肖琼、孙平安、刘文、吴夏、杨慧、白冰、黄芬、刘凡、陈金珂、甘志杰、郭永丽、覃露慧等多位专家、学者的大力支持与帮助，使本书更加具有广度和深度，我非常感动，再次表示感谢！由于时间、水平有限，书中难免存在疏漏之处，恳请广大读者批评指正，以便我们在未来的研究中不断完善和提高！

李建鸿

2024 年 1 月

目　录

第1章 绪论

1.1 在线高频水质监测概述

在线高频水质监测是现代环境科学领域的一个关键概念，涉及使用自动化设备和技术实时监测水体的质量。这种监测方法的核心在于其"高频"和"在线"特性，意味着监测数据的收集是连续的、实时的，且频率较高。

1.1.1 在线高频水质监测的定义

在线高频水质监测是指利用安装在水体中的传感器不断地自动收集关于水质的数据，如溶解氧、浊度、pH、电导率、营养盐浓度等。[①]这些传感器能够每隔几分钟到几小时自动记录一次数据，可以提供连续的水质监测数据。

这种监测方法能提供更密集、更连续的数据，使水质变化的追踪更精确和及时。传统的水质监测方法通常涉及定期取样和实验室分析，这可能

---

① 余梦，林涛，殷学风，等. 基于纤维素纳米晶体的多功能传感器的应用研究 [J]. 复合材料学报，2024，41（7）：3483-3493.

导致数据的延迟和信息的丢失。在线高频监测则克服了这些局限，能够及时发现和响应水质问题。得益于传感器技术、数据传输技术、数据处理技术的进步，现代传感器不仅小型化、测量精准，还能够耐受恶劣的环境条件。数据传输技术，如无线通信，使监测数据可以实时传输至数据库或监测中心。数据处理技术，如云计算和机器学习，使大量数据的分析变得更加高效和智能。

在线高频水质监测作为一种现代监测方法，其重要性在于能够提供连续、实时的水质监测数据，使水质管理和保护更加精确和及时。由于近年来相关技术的不断发展和完善，这种监测方法在环境保护和资源管理领域的应用也越来越广泛。

1.1.2 在线高频水质监测技术的细节

在线高频水质监测技术的核心在于其能够提供实时、连续的水质监测数据。这种监测方法依赖多种先进技术，包括传感器技术、数据收集技术、数据传输技术和数据处理技术。

近年来，高频水质监测技术的进步显著地改变了集水区科学管理、河流水化学、水生生态学，以及淡水和废水管理等领域的监测方法。高频水质监测技术有助于分析水中溶解或悬浮的化学物质，采样间隔从几秒到几小时不等，使用一系列现场部署的自动化仪器，如基于微流体和纳米技术的自动进样器、电化学探针、光学传感器、湿化学分析仪和芯片等，将水质测量的采样间隔与潜在的水文气象和相应的程序的处理速率相匹配，并能够以自动化和系统化的方式获取大量的水质数据。因此，高频水质监测可以识别精细尺度更高的水质模式和潜在过程的变化。这些变化在以前使用传统的低频采样方法（每周或每月采集一次，用于实验室分析）时可能未被识别或可能会被低估。

在线高频水质监测中使用的传感器包括多种类型，不同类型的传感器测量不同方面的水质参数。例如，溶解氧传感器用于监测水中氧含量，这对评估水体的生物活性非常重要。浊度传感器用于监测水体中悬浮颗粒的浓度，这对于监测泥沙运动和水体浊度来说至关重要。pH 传感器和电导率传感器分别用于测量水的酸碱度和盐分含量，这对于理解水体的化学特性来说非常有帮助。

为了更好地评估水体的受污染程度，我们对水中的溶解氧进行测定。其中，化学需氧量是指在一定条件下，以氧化 1L 水样中还原性物质所消耗的氧化剂的量为指标，折算每升水样全部被氧化后需要的氧的毫克数，单位为 mg/L。化学需氧量反映了水受还原性物质污染的程度，水中还原性的物质包括有机物、亚硝酸盐、亚铁盐、硫化物等，水被有机物污染是很普遍的，因此化学需氧量也作为有机物相对含量的指标之一。

除了溶解氧的测定，浊度测量也是判断水污染的重要测试项目之一。浊度是指水样中因为有大量肉眼可见悬浮物质而造成的混浊情形。这种情况和空气中的烟类似。饮用水的浊度越高，饮用者出现消化道疾病的风险就越高，如细菌或病毒等致病源可能附着在悬浮物质的表面，这对于免疫功能低下的人来说风险较大。而且在用氯对水进行消毒时，悬浮物质会成为致病源的屏障，影响消毒的效果。悬浮物质可以保护致病源不受紫外线照射，影响消毒杀菌法的效果。所以，水的浊度测量显得尤为重要。常见水源的浊度如表 1-1 所示。

表 1-1　常见水源的浊度

水　源	浊度 /NTU
河流	15 ～ 3 000
水库 / 湖泊	1 500
饮用水	≤ 1
工业循环用水	≤ 5

目前，我国对天然水的浊度没有明确的标准规定，但是对饮用水和工业用水的浊度有着明确的规定。我国现行《生活饮用水卫生标准》（GB 5749—2022）规定浊度限值为 1 NTU。水厂出厂水的浊度一般可以控制在 0.5 NTU 左右。甚至有不少城市出厂水浊度已控制在 0.1 NTU 以下，

以保证饮用水的安全。工业用水指工业、矿业企业的各部门，在工业生产过程中，制造、加工、冷却、空调、洗涤、锅炉等使用的水及厂内职工生活用水的总称。我国现行《城市污水再生利用 工业用水水质》（GB/T 19923—2005）规定敞开式循环冷却水系统补充水的浊度、锅炉补给水的浊度和工艺与产品用水的浊度的限值均为 5 NTU。

水的 pH 直观反映了水质的酸碱度。通常（25 ℃、298.15 K）情况下，如果溶液 pH 小于 7 则呈酸性，pH 大于 7 则呈碱性，pH 等于 7 则溶液为中性。pH 的计算公式为

$$pH = -lg[H^+] = lg\frac{1}{[H^+]} \tag{1-1}$$

式中：$[H^+]$ 为溶液氢离子浓度（mol/L）。

一些常见溶液的 pH 如表 1-2 所示。

表 1-2 常见溶液的 pH

溶 液	pH	性 质
铅酸蓄电池的溶液	1.00	酸性
胃酸	1.20	
柠檬汁	2.40	
可乐	2.50	
食醋	3.00	
啤酒	3.90	
咖啡	5.10	
茶	5.70	
牛奶	6.50	
人血	7.30 ～ 7.50	碱性
海水	8.00	
洗手皂	8.90 ～ 10.10	

溶液的氢离子浓度对应的 pH 如表 1–3 所示。

表 1–3　溶液氢离子浓度和 pH 对照表

氢离子浓度 /（mol/L）	pH
1×10^{-1}	1
1×10^{-3}	3
1×10^{-5}	5
1×10^{-7}	7
1×10^{-9}	9
1×10^{-11}	11
1×10^{-13}	13

　　数据收集和数据传输是在线高频水质监测中的关键环节。现代传感器通常配备无线通信装置，可以将收集的数据实时发送到远程服务器或监测中心。这种无线传输技术使监测点可以覆盖更广泛的区域，并且减少了水质监测对于人工巡检的依赖。物联网技术可以实现更广泛和更复杂的监测网络，提高数据收集的效率和扩大数据收集的范围。

　　大量水质数据的产生使数据分析技术变得更加重要。先进的数据处理软件和算法，如机器学习和人工智能，可以快速从水质数据中提取有价值的信息。例如，通过对历史水质数据的分析，在线高频水质监测技术可以预测水质的未来变化趋势，识别潜在的污染源。数据分析还可以用于生成水质报告和警报，为水质管理决策提供支持。

　　在线高频水质监测技术包括一系列先进的传感器、无线数据传输技术和复杂的数据分析方法。这些技术的结合使水质监测更加高效、准确，为水资源的可持续发展提供了强有力的技术支持。

1.1.3　在线高频水质监测在不同应用领域的重要性和影响

　　在线高频水质监测技术在技术上不断取得突破，在多个应用领域发挥着越来越重要的作用。从环境保护到水资源管理，再到工业应用，这种监测方法正在改变人们对水质监测的方式。

在线高频水质监测在环境保护中扮演着关键角色。对河流、湖泊和海洋水质的持续监测可以及时发现污染事件，如化学泄漏或生物污染。这种监测方法对于保护生态系统至关重要，因为它可为采取快速响应的手段提供数据支持以减轻污染带来的影响。例如，通过实时监测特定区域的水质变化，环保机构可以及时采取措施来保护受威胁的水生生物。在水资源管理中，在线高频水质监测发挥着重要作用。城市供水系统可以利用这种监测方法来确保饮用水的质量，特别是在极端天气事件（如洪水或干旱）发生期间。此外，可以通过在线监测水质来优化农业灌溉和工业用水水质管理，确保水资源的有效利用和保护。

工业领域对水质有着严格的要求，而在线高频水质监测提供了一种有效的方式来确保工业用水符合标准。例如，在化工和制药行业中，水质直接影响产品质量和生产安全。通过实时监测水质参数，工厂可以及时调整水处理工艺，保证水质符合生产需求和环保标准。在线高频水质监测还促进了跨领域的合作和研究。环境科学家、工程师、城市规划者和政策制定者可以共享监测数据，共同努力解决水资源管理和保护面临的挑战。这种跨领域的合作对于应对复杂的环境问题来说至关重要，有助于提出更全面和有效的解决方案。

实时、连续的水质监测使人们可以更有效地保护环境、管理水资源，并确保工业用水的安全和质量。技术的进一步发展使在线高频水质监测方法在全球水资源管理和保护中扮演越来越重要的角色。

1.1.4 在线高频水质监测在环境监测和评估中的应用

在线高频水质监测技术在环境监测和评估方面具有独特的优势。它不仅能追踪污染物的来源和分布，还能评估环境变化对水质的影响，监测生态系统的健康状况。该技术能够提供关于污染物如何进入水体的详细信息。例如，通过连续监测河流中特定污染物的浓度，可以识别出污染的来源，如工业排放或城市污水。① 这种监测可以帮助环境监管机构更有效地定位污染源，从而采取针对性的治理措施。

环境变化，如城市化和农业活动，对水体产生显著影响。在线高频水质监测可以提供有关这些变化对水质的影响的重要数据。例如，监测农业区域附近河流的营养盐水平，可以帮助评估农业排放对水质的影响；监测城市地区的水体可以揭示城市发展对水质的长期影响。在线高频水质监测技术还可以用于监测水体生态系统的健康状况，如通过测量水中溶解氧的水平来评估水生生物的生存条件。监测特定污染物的浓度变化，如重金属或有机污染物，可以帮助了解这些污染物对生态系统的潜在威胁。

海洋中的营养物，如硝酸盐、磷酸盐和硅酸盐，会促进微生物生长。随着城市化和工业农业的加速发展，许多营养物质正通过工业废水、农业废水和生活污水排入海洋。富营养化是非常具挑战性的海洋环境问题之一，它会导致有害的海洋赤潮。测量这些营养物对于预测与富营养化相关的有害事件、监测海洋生产力和了解海洋生态系统的动态具有重要意义。

在线高频水质监测可为环境监测和评估提供实时、准确的数据，帮助科学家更好地理解环境问题，帮助决策者更好地管理环境状况，从而保护水资源和生态系统的健康。

1.1.5 在线高频水质监测在应对极端天气事件和气候变化中的作用

在线高频水质监测在应对由极端天气事件和气候变化引起的水质问题中发挥着至关重要的作用。这种监测方法能够提供及时的数据，帮助科学家更快地做出响应，帮助决策者做出更有效的管理决策。

极端天气事件，如洪水和干旱，对水质有显著影响。在线高频水质监测能够实时追踪这些事件对水质的具体影响。例如，在洪水期间，监测河流的浊度和悬浮物浓度可以帮助了解泥沙和污染物的流动；在干旱期

---

① 侯贝.城市环境污水治理存在的问题及对策探析 [J].黑龙江环境通报，2023，36（9）：80-82.

间，监测水体的电导率和 pH 可以揭示水质的变化情况。这些数据可以使科学家和决策者更好地理解极端事件对水质的影响，从而采取适当的应对措施。

气候变化对全球水资源构成了长期的挑战。在线高频水质监测能够持续追踪气候变化对水体的影响，如温度升高对水生生物的影响或者酸化对水质的影响。通过长期的数据收集和分析，可以更准确地预测未来的水质变化趋势，并据此制定相应的管理策略。在线高频水质监测技术为灵活和适应性管理提供了可能性。监测数据可以帮助管理者及时调整水质管理策略，以应对快速变化的环境。例如，管理者可以根据监测结果调整污水处理厂的运行参数。这种灵活性对于在不确定的气候条件下保护水资源至关重要，例如，在洪水期间使用在线高频水质监测技术，可以提供有关河流悬浮物、营养盐和有害化学物质浓度的实时数据。这些数据对于评估洪水对水质的影响、预测污染风险和制定紧急响应措施至关重要。

1.1.6 在线高频水质监测的未来发展趋势和挑战

在线高频水质监测作为一个不断发展的领域，面临着许多新的机遇和挑战。在线高频水质监测的未来发展趋势将聚焦技术的改进、监测网络的扩展等。在线高频水质监测未来的技术发展将着重提高监测设备的精度和耐用性。新型传感器将更加精确地监测更多的水质参数，更耐用，能够适应更严苛的环境条件。数据分析技术的进步，如更高效的机器学习算法，将能够更快速地处理和解读数量更多的监测数据。

在线高频水质监测网络的未来发展将包括网络的扩展和更好地集成。扩展监测网络可以覆盖更广泛的地理区域和水体类型，为人们提供更全面的水质信息。例如，市场提供可以轻松集成的移动传感器或固定在海洋平台上的传感器，这些传感器可以通过应用机器学习和人工智能方法对数据集进行分析。

这些固定在海洋平台上的传感器有望形成海岸传感器网络，以获取更多的实时和三维空间分辨率数据，为更有效地处理海洋科学问题提供见解，如甲烷和二氧化碳的源－汇、海底地下水排放、海洋环境的污染和温室气体的排放。在合适的平台上安装技术先进的现场传感器，这些现场传感器可与可靠的自动化分析系统相结合，为人们提供与海洋问题有关的全面的长期监测数据。这些现场传感器对分析物的现场空间和时间研究可以更好地了解海洋中的各种关键过程，如侵蚀、运输和沉积。海洋环境是多变的，温度和盐度的日变化、季节变化和空间变化往往很大，这对保证海洋传感器的准确性、稳定性和可重复性提出了很大的挑战。要实现这些传感器的实际应用，还需要进行大量的多学科验证工作。为了优化传感器的质量，材料科学、化学和电子学的结合是必要的。微流体是减小传感器尺寸和降低其功耗的重要方法。传感器表面微生物、植物和动物的积累会对传感器造成生物污染，影响其性能，因此有必要采用抗生物污染的方法来开发这些传感器。新型防污材料和防污方法的探索有望提高海洋长期传感器的稳定性和耐久性。传感器的性能还应用于在实际海洋环境中评估，如温度波动和其他物理化学特性。

1.2　水质监测的历史背景与重要性

1.2.1　水质监测的早期历史和发展

水质监测作为一项重要的环境保护活动，其历史可以追溯到几个世纪前。从最初的基本观察到现代的使用高科技监测方法，水质监测的历史反映了人类科技的进步和环境意识的增强。

水质监测的早期形式主要是基于直观的观察和简单的化学测试。在19 世纪后，工业革命的快速发展，使工业废水对河流和湖泊的影响引起了人们的关注。最初的水质监测方法包括对水的颜色、气味和味道的观察，以及基本的化学成分分析。这些方法虽然原始，但为早期的水质保护提供了基础。

工业革命带来了大规模的工业废水,这些工业废水的随意排放对河流和湖泊造成了严重的污染。在19世纪中叶,英国和其他工业化国家的许多城市河流受到严重污染。这不仅对环境造成了破坏,还对公共健康产生了影响。例如,伦敦的泰晤士河在19世纪因污染而闻名,受污染的河流导致了多次霍乱和其他疾病的暴发。为了应对工业污染带来的挑战,水质监测方法开始发展和改进。科学家开始使用更复杂的化学和生物测试方法来评估水质。例如,化学需氧量和生物需氧量的测试成为评估水体受污染程度的重要检测方法。这些测试方法提供了更准确的水质信息,为治理污染水体提供了科学依据。进入20世纪,人们的环境保护意识不断提高,水质监测变得更加系统和科学。许多国家开始制定相应的环境保护法规,对工业用水排放标准进行更严格的控制。这些法规的实施促进了水质监测技术的进一步发展。

水质监测的发展是与工业化发展和人们环境意识的增强密切相关的。从最初的基本观察到现代的复杂分析方法,水质监测技术一直在进步,而水质监测技术的进步为保护水资源提供了重要的支持。

1.2.2 20世纪中叶至今:水质监测技术的变革

从20世纪中叶开始,水质监测技术经历了显著的变革,尤其是现代化监测技术的发展,提升了水质监测的效率和精准度。这些变革对环境保护和水资源管理产生了深远的影响。20世纪下半叶,基于电子技术和计算技术的飞速发展,水质监测技术也迎来了革新。传感器技术的进步使连续、实时的水质监测成为可能。这些传感器能够自动收集多种水质参数的数据,如温度、pH、溶解氧、浊度等,大大提高了监测的频率和精确度。遥感技术也开始用于大范围的水质监测,尤其是在人类难以直接到达的地区。

这些技术创新对水质监测的方式产生了根本性的影响。传统的周期性取样和实验室分析逐渐被实时在线监测所替代,使水质变化可以得到更快速的响应。这不仅提高了监测的效率,还使水质管理更加及时和精准。例如，实时监测技术的应用可以使污染事件在早期被检测到，从而使人们可以迅速采取措施以减轻其造成的影响。

在监测技术的发展过程中，数据量也大幅增加。因此，数据处理和分析技术成为水质监测领域的另一个重要发展方向。计算机技术和软件工具的发展使大量水质数据的存储、处理和分析变得更加高效。机器学习和人工智能技术的应用进一步提高了数据分析的能力，能够从复杂数据中提取有价值的信息，预测水质变化趋势。

现代化的水质监测技术对环境保护和水资源管理产生了显著影响。更准确和更及时的水质监测数据使环境污染问题可以更有效地被识别和管理。这些技术为更科学的水资源规划和管理决策提供了支持，有助于保护水资源的可持续性和生态系统的健康。

从 20 世纪中叶至今，水质监测技术的变革极大地提高了监测的效率和准确度。基于技术创新和数据分析的进步，水质监测为环境保护和水资源管理提供了强大的支持，成为这一领域不可或缺的工具。

1.2.3　20 世纪末至 21 世纪初：水质监测领域的发展

随着 21 世纪的到来，水质监测领域经历了新的发展，特别是物联网技术的应用、自动化和智能化监测系统的发展，以及环境保护法规和政策的演变。[①] 这些发展不仅提升了水质监测的效率和精度，还加强了水资源的可持续管理。传感器、网络通信和数据处理技术的结合，物联网技术的应用，使大范围、高密度的水质监测成为可能。这些传感器网络能够提供实时、连续的水质监测数据，从而实现对水资源更有效的管理。例如，物联网技术的应用使城市供水系统能够实时监测水管网的水质状态，及时发现和处理污染事件。

21 世纪初，自动化和智能化在水质监测领域的应用日益突出。自动化监测系统能够减少人工干预，提高数据收集的效率和准确性。智能化技

---

① 张传武. 物联网技术 [M]. 成都：电子科技大学出版社，2021：9-18.

术，如人工智能和机器学习，被用于数据分析和预测，使水质监测更具预测性和适应性。例如，智能化监测系统能够根据历史数据和当前条件自动调整监测频率和参数，更精确地预测和响应水质变化。

在 21 世纪初，环境保护法规和政策也发生了重要变化，这对水质监测产生了深远影响。新的法规更加注重水资源的可持续发展，对水质监测提出了更高的标准和要求。这些法规和政策的实施促进了水质监测技术的进一步发展。这些发展使水资源管理变得更加科学和高效。通过实时监测和智能数据分析，水资源管理者能够更好地了解水体的状态和趋势，制定更有效的管理策略和响应措施。这不仅有助于保护水资源和环境，还有助于促进可持续发展。

在过去的 20 年里，采用吸光度法[①]或荧光法[②]的光学传感器为高频水质监测带来了革命性的变化。传感器利用紫外 - 可见光谱法通常可以测量波长 200 ～ 720 之间的吸光度。新的测量工具正在不断开发和测试，如叶绿素传感器，但其准确性通常取决于特定地点的水化学和特定来源的化合物基质。因此，制造商建议建立当地的校准曲线，并联传感器部署和抓取采样，在实验室进行分析，以分析当地的水质条件。

1.2.4 21 世纪：水质监测的当前挑战和创新解决方案

进入 21 世纪，水质监测领域面临着众多新的挑战，也孕育了创新的解决方案。这些挑战和解决方案共同推动着水质监测技术的发展，以更好地应对全球水资源管理的需求。

水质监测面临的挑战包括环境污染的复杂性增加、气候变化的影响，以及对更高效和精确监测技术的需求等。为应对这些挑战，水质监测领域涌现了一系列创新解决方案。例如，纳米技术在水质监测中的应用，可以

---

① 朱少昊，孙学萍，谭婧盈，等. 比色和荧光双模式农药残留传感新方法研究 [J]. 光谱学与光谱分析，2023，43（9）：2785-2791.

② 吴宁，马海宽，曹煊，等. 基于荧光法的光学海水叶绿素传感器研究 [J]. 仪表技术与传感器，2019（10）：21-24，29.

提供更灵敏和精确的检测手段；生物传感器的开发，即利用生物组件来检测特定污染物，为水质监测带来了新的可能性；大数据和云计算技术的应用，使海量水质数据的存储、处理和分析更加高效，支持了更复杂的数据分析和模型构建。

尽管在过去 20 年里，水质监测技术取得了巨大的进步，但对于寻求从流域监测网获取、管理和使用数据的科研人员来说，技术仍然需要不断发展。人们使用传感器观察环境将使数据的获取更加容易。理论上一旦在现场安装了传感器，数据将很容易获得。在现实中，传感器需要定期维护和校准，以保证其能持续供电，并能够定期下载数据。实时的数据流需要互联网，这就需要保证网络的稳定性以及安全性。

针对气候变化带来的挑战，水质监测正在采用更灵活和更容易适应的策略。例如，构建更全面的监测网络，可以更好地监测和预测极端气候事件对水质的影响。利用遥感技术和卫星数据，可以监测更广泛的区域，为人们提供全面的水资源评估。

除了发展技术，相关政策的制定和社会参与也是解决当前水质挑战的关键。政策制定者需要根据最新的科学研究和技术进展调整水资源管理策略。提高公众对水资源保护重要性的认识，鼓励公众参与水质监测和保护活动，对于实现水资源的可持续利用至关重要。

21 世纪水质监测的发展虽然正面临着一系列挑战，但人们在不断创新解决方案以应对这些挑战。技术创新、政策支持和社会参与的结合可以更有效地保护和管理全球的水资源。

1.2.5　全球水质监测的趋势和挑战

全球水质监测面临着新的趋势和挑战。这些挑战不仅涉及全球水资源压力的增加，还涉及技术的全球化应用和国际合作在水质监测中的重要性。

在全球范围内，人口增长、工业化进程加快、农业扩张以及气候变化都对水资源造成了影响。因此，全球水质监测不仅需要关注污染物的监测，还需要关注水资源的整体可持续利用和生态系统的健康。

高频水质监测是一种有用的工具，可以检测全球变化对水生系统的影响，并了解由于压力和压力源变化而出现的水质和河流生物地球化学变化。从全球变化的角度来看，目前的高频水质监测往往侧重评估直接（如农业实践、城市发展）和间接（如降水模式变化、冻土融化、冰川融化、荒漠化、野火）人为因素的影响。其关注点包括探测水文和生物地球化学驱动因素的变化，识别基流、暴雨流溶质和沉积物运输的变化模式，以及记录生态系统功能的变化（如河流代谢）。对农业和城市集水区的研究经常集中于土地利用变化对水质和水量的直接影响，如捕捉短期事件（如干旱）或了解在城市环境中风暴事件期间和之后水质和水量的变化。一直以来，人们很少关注经历加速环境变化的地区，如极地和寒冷地区，以及目前无法长期监测的地区（如发生战乱的地区）。高频水质监测有助于提高这些区域水质数据集的空间覆盖率，并能够促进人们对全球长期变化模式机理的理解。

国际合作在全球水质监测中扮演着重要角色。联合国环境规划署①和世界卫生组织在促进全球水质监测方面发挥着重要作用。为应对全球水质监测的挑战，他们需要制定和实施一系列策略。这包括专注水质监测的技术创新、加强跨国界水资源保护的合作，以及提高公众对水资源保护重要性的认识。这些策略可以更有效地管理全球水资源，保护水环境，促进全球水资源的可持续利用。全球水质监测的趋势和挑战反映了全球水资源管理的复杂性和紧迫性。技术创新、国际合作和全球公众意识的提高，可以更有效地应对这些挑战，促进全球水资源的可持续管理和保护。

---

① 干海珠. 联合国环境规划署简讯 [J]. 世界环境，2002（3）：47-48.

1.3　高频水质监测技术的发展与应用

高频水质监测技术是现代水质监测领域的一个重要分支，它提供近乎实时的水质数据，使科学家、工程师和政策制定者能够更快速、更准确地管理水资源。

1.3.1　高频水质监测技术的发展历程

高频水质监测技术的发展始于 20 世纪中叶。电子技术的进步使能够自动记录和传输水质数据的设备首次出现。早期的高频水质监测系统主要用于科学研究，如流域水文学和湖泊生态学研究。

传感器技术的进步是推动高频水质监测技术发展的关键。传感器变得更小巧、更耐用，并且能够精确地测量各种水质参数，如温度、pH、溶解氧、浊度等。这些传感器的改进，加上其成本的降低，使高频水质监测技术开始被广泛应用于各种水体环境中。信息技术的发展，尤其是互联网和无线通信技术的普及，使高频水质监测系统在数据传输和处理方面取得了显著进步。现代高频水质监测系统可以实时地将数据传输到云平台或数据中心，进行即时分析和处理。[①] 这种实时数据处理能力大大提高了水质监测的效率和实用性。

在讨论高频水质监测技术的发展时，不可忽视的是其对环境的影响。高频水质监测不仅提供了有关水质的实时数据，还能帮助识别和量化人类活动对水环境的影响。例如，在农业密集地区，高频水质监测可以评估肥料和农药对附近水体的影响。

在全球化背景下，高频水质监测技术的发展和应用具有国际意义。跨

---

① 刘鹏.基于云平台的实验室环境监测系统设计 [J].工业控制计算机，2023，36（9）：104-105，107.

国河流和湖泊的水质管理需要各国之间的协作。高频水质监测技术提供了一种有效的手段,可以帮助不同国家共享数据,协同解决跨境水资源问题。

1.3.2 高频水质监测技术的成功应用

在许多城市,高频水质监测技术被用于监控自来水系统,以确保供水的安全和质量。例如,高频水质监测可以及时发现水管破裂或污染事件,并迅速采取应对措施。常见的城市水质自动检测设备如图 1-1 所示。

图 1-1 城市水质自动检测设备

高频水质监测技术在工业废水处理中的应用,使工业企业能够实时监控废水的处理效果,及时调整处理过程,确保排放水质符合环保标准,工业污水处理远程监测系统如图 1-2 所示。

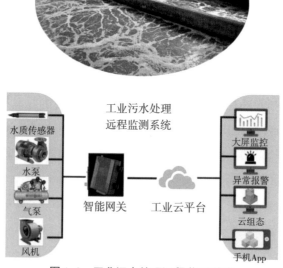

图 1-2 工业污水处理远程监测系统

在农业领域,高频水质监测技术用于监测灌溉水的质量,这对于保证农作物的健康生长和避免土壤盐碱化至关重要。农业用水的在线监测设备如图 1-3 所示。

图 1-3　农业用水在线监测设备

1.3.3　高频水质监测技术未来的发展方向

未来,高频水质监测技术的发展方向可能包括传感器技术的进一步创新,开发更精确、更耐用、成本更低的传感器;数据分析技术的提升,利用大数据分析和人工智能技术,从大量监测数据中提取有价值的信息;系统集成与自动化技术的升级,将高频水质监测技术与其他环境监测系统集成,实现更全面的环境监控。

高频水质监测技术是现代水质监测领域的重要成果,它提供准确、及时的水质数据,显著提高了水资源管理的能力。从早期的科学研究工具到现在广泛应用于各个领域,高频水质监测技术经历了巨大的变革。未来,随着技术的不断进步,这一领域将继续扩展其应用范围和影响力,为全球水资源的可持续管理做出更大的贡献。高频水质监测技术的发展不仅是技术进步的体现,还是对现代环境挑战的回应。这项技术既提高了水质监测效率,又促进了公众参与、政策制定和环境保护的进步。随着技术的不断演进和应用范围的拓展,高频水质监测技术将继续在全球水资源管理中扮演关键角色。

1.4 在线与传统水质监测方法的比较与发展趋势

在线水质监测方法和传统水质监测方法各有其独特的优势和局限。随着技术的发展和环境挑战的加剧，两种方法的结合使用将成为水质监测的主流趋势。这两种方法的综合应用可以更有效地保护和管理水资源，应对复杂多变的环境挑战。

1.4.1 两种方法在不同方面的差异

水质监测是评估和保护水资源的关键活动。传统水质监测方法和在线水质监测方法是水质监测领域中的两种主要方法。这两种方法的详细比较如表 1-4 所示。

表 1-4 传统水质监测方法和在线水质监测方法的详细比较

相关概念	传统水质监测方法	在线水质监测方法
基本概念	需要定期手动采样和实验室分析。这种方法依赖现场采样人员定期访问监测点，收集水样，然后将水样带回实验室进行分析	使用各种传感器自动、连续地收集水质数据，并应用无线网络实时发送数据。这种方法减少了对现场采样的依赖
监测参数	通常可以测量各种水质参数，包括但不限于 pH、溶解氧、浊度、化学需氧量、氨氮、总磷、重金属	通常可以实时监测多种水质参数，包括温度、pH、溶解氧、浊度等，但对于某些特定参数（如重金属）的监测可能不如实验室分析精确
局限性	数据的时效性和空间覆盖范围较低。由于人工采样和分析过程耗时，可能无法及时发现和响应突发的水质问题。由于物理采样的局限性，这种方法可能无法全面覆盖广阔的水域	初始投资和维护成本可能较高。传感器的精度和稳定性也是需要考虑的因素

相关概念	传统水质监测方法	在线水质监测方法
优点	能够提供高度准确和全面的数据。实验室分析可以使用复杂的仪器，提供非常精确的测量结果	实时性较强和频率较高。它可以实时提供水质监测数据，能够快速响应水质变化。自动化和连续化的监测减少了人力成本，并能提供更全面的时空数据

在具体的细节上，两种方法也有着诸多的不同之处，具体细节上的分析如表 1-5 所示。

表 1-5　在细节上的分析

相关细节	传统水质监测方法	在线水质监测方法
数据的时效性和频率	提供的数据是间断的，且通常存在一定的延迟	能够实时提供数据，频率高，有助于更好地监测和管理水资源
空间覆盖与采样点	空间覆盖范围受限，通常只能监测选定的采样点	可以在更广泛的范围内部署传感器，提供更全面的覆盖
成本效益	虽然单次采样的成本可能较低，但长期来看，人力和运输成本较高	初始投资较高，但由于自动化程度高，长期运营成本可能更低
数据精确度和可靠性	实验室分析通常提供非常高的精度和可靠性	虽然足以应对大多数监测需求，但某些参数的精度可能略逊于实验室分析
适用性和灵活性	对于需要深入研究或特定问题的研究较为适用	适用于连续监测和大规模监测项目

两种方法在不同领域的应用方面也有着明显的差异。在城市水质管理上，许多城市已经开始采用在线水质监测方法来监控城市水源和供水系统。这种实时监测系统可以快速检测到污染事件，从而及时采取应对措施。相比之下，传统水质监测方法可能无法及时检测到这些突发事件。在工业污染监测中，在线水质监测方法可以持续监测废水的排放情况，而传统水质监测方法更多用于定期的合规性检查。

1.4.2　技术进步与监测方法的演化

随着技术的进步，水质监测方法也在不断演变。例如，近年来，物联网的监测系统、云计算[①]和人工智能技术[②]的应用正在改变传统水质监测方法。这些技术使在线水质监测系统能够更智能地处理和分析数据，预测水质变化趋势，甚至自动识别污染源。在线水质监测技术的普及使监测数据更加透明和可访问，这促进了公众对水资源管理的参与和关注。公众可以通过在线平台实时查看水质数据，这提高了公众对环境问题的认识，也促进了政府和企业对水资源保护的责任感。

1.4.3　在线水质监测方法的发展趋势

在线水质监测方法未来的发展可能集中在三个方面。第一，更高的数据精度和稳定性。通过技术创新，技术人员可以提高传感器的精度和稳定性，减少维护成本。第二，大数据和人工智能的应用。通过利用大数据分析和人工智能技术，技术人员可以从海量的监测数据中提取有用信息，实现更智能的水质管理。第三，更广泛的参数监测。通过开发新的传感器和方法，技术人员可以监测更多种类的污染物，如药物残留物、内分泌干扰物等。

1.4.4　传统水质监测方法的未来改进

尽管在线水质监测方法在许多方面具有优势，但传统水质监测方法仍然在某些情况下不可被替代。未来，传统水质监测方法的改进可能集中在三个方面。第一，采样技术的改进，通过开发更高效、更准确的采样技术，技术人员可以减少人为误差。第二，实验室分析技术的进步，通过利

---

① 刘甫迎，杨明广. 云计算原理与技术 [M]. 北京：北京理工大学出版社，2021：30.

② 朱鸿军，王涛. 人工智能国际传播研究：回顾、反思与展望 [J]. 对外传播，2023（12）：13-16，21.

用新的分析技术和仪器，技术人员可以提高实验室分析的速度和准确度；第三，数据整合，技术人员可以将传统水质监测方法收集的数据与在线监测数据进行整合，以获得更全面的水质评估信息。

　　在实际应用中，最佳的水质监测方案往往是将在线水质监测方法和传统水质监测方法相结合。例如，在线水质监测方法可以用于实时监控水质的一般情况，而传统水质监测方法则用于定期深入分析和验证。这种综合应用可以充分发挥两种方法的优势，实现更全面和准确的水质监测效果。

第2章 高频监测技术与设备

2.1 高频监测的关键技术

2.1.1 高频监测技术的基本概念和关键技术

高频监测技术在现代环境科学和水质管理领域扮演着至关重要的角色。这种技术能够连续、实时地监测水质参数，提供关于水环境变化的详细信息。理解高频监测技术的基本概念和关键技术对于实现有效的水质管理至关重要。

高频水质监测技术是指使用先进的传感器和数据处理技术，高频连续记录水体中各种参数的技术。与传统的周期性水质监测相比，高频监测技术提供了更密集、更连续的数据，使研究人员和管理者能够及时发现和响应水质变化。第一个真正适合水质监测的传感器是玻璃 pH 电极，它和 pH 计一起出现。[①] 此后，pH 成为大多数水质监测设备的主要参数。基于先进的传感器技术、数据采集和传输技术以及数据处理和分析方法，这些技术的结合使水质监测更高效、精确，为环境科学研究和水质管理提供了强有力的工具。

---

① 姜美沙. 谈谈 pH 玻璃电极 [J]. 品牌与标准化，2010（6）：53.

传感器技术是高频监测技术的核心。现代传感器能够准确测量各种水质参数,如溶解氧①、pH、浊度②、电导率等。这些传感器通常具有小型化、高灵敏度等特点,能够在恶劣环境下稳定工作。例如,光学传感器在测量浊度和叶绿素方面表现出色,而电化学传感器适用于监测溶解氧和 pH。

　　随着无线通信和网络技术的发展,数据采集和传输也成为高频监测技术的关键组成部分。传感器收集的数据可以通过无线网络实时传输到数据库或监控中心。这种即时数据传输机制不仅提高了数据收集的效率,还使远程监测和实时响应成为可能。高频监测技术产生的大量数据需要进行有效的处理和分析。数据处理和分析方法的发展使从复杂数据集中提取有用信息成为可能。机器学习和人工智能技术的应用可以自动识别数据中的模式和趋势,为水质管理提供科学依据。

　　目前的技术已经足够支持生物学家开发手动配置的无线传感器网络,只是这种网络相对较小,一般由数十个传感器组成。这种网络虽然有限,但可以为生物学家提供独特而有价值的数据。然而,在无线传感器网络将在野外生物学和生态学研究中起重要作用的同时,传感器、无线电、处理器和网络基础设施的突出问题仍然需要解决。例如,自我诊断和自我修复是传感器网络的关键要求③;为减轻用户在现场处理的负担,大量的单个传感器是必不可少的。无线传感器网络需要允许用户限制对敏感数据的访问的安全解决方案,还需要在传感器节点出现故障的情况下确保网络继续运行。无线传感器网络的设计和使用将会有一个进化的过程。

2.1.2　高频监测技术在环境问题中的作用

　　高频监测技术在解决具体的环境问题中扮演着至关重要的角色。在突

①　苗雪杉,王帆,任志敏,等.水中溶解氧测定方法 [J].科技创新与应用,2023,13(31):150-153.
②　罗勇钢,吴建,刘冠军,等.地下水原位监测浊度传感器设计 [J].自动化仪表,2023,44(12):12-15.
③　张铃丽,李志梅.一种环境自适应的光纤传感网络自修复方法 [J].激光杂志,2022,43(7):154-158.

发的水质污染事件中，如工业泄漏或自然灾害导致的水体污染，高频监测技术能够迅速提供关键数据。这些数据使环境管理者能够及时了解污染的规模、类型和影响范围，从而迅速做出响应。例如，通过高频监测技术监测河流中的化学物质浓度和生物指标，可以迅速评估污染对水生生态系统的影响，并采取相应的应急措施。

在分析水质的长期变化趋势方面，高频监测技术有着重要作用。通过分析连续收集的数据，环境管理者可以监测水质的变化趋势，识别潜在的环境问题，如氮、磷等营养盐的富集或有毒物质的积累。这种长期的监测有助于环境管理者了解水体健康状态，预测未来可能的环境风险，并制定有效的水资源管理和保护策略。高频监测技术的另一个关键应用是集成多种数据类型，以提供更全面的水环境评估。除了物理学和化学参数，生物学指标，如浮游植物和微生物的多样性，也是水质监测的重要组成部分。通过集成化学、物理学和生物学数据，环境管理者可以更全面地评估水体的健康状态，识别污染源，并理解生态系统的响应。

在环境决策和政策制定上，准确的水质数据可以让政策制定者更好地理解水资源的现状和挑战，从而制定科学、有效的环境保护政策。这些数据也支持了公众对环境问题的了解和参与，促进了社会对水资源保护的关注和行动。

在环境问题的解决上，高频监测技术发挥着重要作用。无论是应对突发的水质污染事件，还是进行长期的水质变化趋势分析，这种技术都提供了必要的数据支持。对这些数据的集成和应用，可以促进环境决策和政策制定，支持更全面、有效的水资源管理和保护。

2.1.3 高频监测技术在特定环境监测场景中的应用

高频监测技术在不同的环境场景中展现了多样性和有效性。特别是在城市水体、农业区域和工业区域的水质监测中，这种技术发挥着关键作用。

在城市环境中，高频监测技术用于监测市政供水系统、河流和湖泊的水质。这对于确保城市饮用水安全和评估城市发展对水体的影响至关重要。例如，通过监测城市河流的溶解氧和营养盐浓度，人们可以及时发现污水处理设施的排放问题或城市径流的污染。这些信息有助于城市管理者采取措施改善水质，保护市民健康。

在农业活动用水中，高频监测技术在农业区域的河流和地下水监测中发挥了作用。这些监测有助于识别农业化肥和农药的渗漏，评估农业化肥和农药对水质的长期影响。例如，通过连续监测某一河流中的氮、磷浓度，可以评估农业活动对水质的影响，并指导农业实践以减少污染。研究人员通过高频水质监测技术所产生的数据可以识别河流化学成分随水流和"热时刻"的细微波动，如图 2-1 所示。

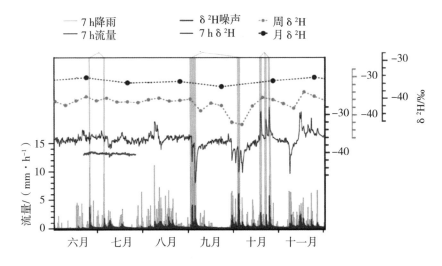

图 2-1　按月、周和 7 h 频率取样的 6 个月的河流水氘同位素比值与该地 7 h 降雨和径流量进行比较

在工业领域，工业活动可能会释放多种有害物质。而高频监测技术可以实时追踪工业区域排放的污染物，并评估其对周围水体的影响。这对于保护生态系统、保证附近居民的安全和促进可持续的工业发展至关重要。不过，虽然高频监测技术在这些环境场景中非常有效，但面临着不少挑战。因此，持续的技术改进和创新是实现有效监测的关键。

高频监测技术在城市、农业和工业区域的水质监测中发挥着不可或缺的作用。这种技术有助于实现更精确和全面的水质监测，为环境保护和可持续发展提供支持。

2.1.4　高频监测技术在环境保护和水资源管理政策制定中的作用

高频监测技术在环境保护和水资源管理的政策制定中发挥着至关重要的作用。这种技术提供的数据支持了基于科学的决策过程，帮助政策制定者和管理者制定更有效的环境保护和水资源管理策略。

通过了解这些数据，政策制定者能够更好地理解水资源的当前状况和趋势，评估不同管理措施的效果。例如，通过分析监测数据，政策制定者可以评估污水处理厂升级对水质改善的影响，或者判断农业减排措施对降低河流营养盐水平的效果。

在制定和评估环境政策方面，政策制定者可以利用这些技术提供的数据来制定更有针对性的环境保护政策，如针对特定污染物制定的减排目标和措施。通过持续监测环境政策实施的效果，政策制定者可以及时调整和优化政策，确保政策的有效性和适应性。在提升公共健康和生态系统保护方面，高频监测技术同样有着重要影响。通过监测饮用水源和娱乐水体的水质，政策制定者可以确保公众健康不受污染物影响。对自然水体的持续监测有助于评估生态系统健康状况，及时发现和应对潜在的环境威胁。

例如，Werner 等使用关键生态水文接口的模式，在德国的一个森林源头集水区，结合对河岸带的小规模地形分析，用高频监测技术测量了河流中的溶解有机碳浓度。[①] 结果表明，来自局部凹陷的少量溶解有机碳，仅占河岸带溶解有机碳的 15%，却贡献了向河网输出总溶解有机碳的 85%。然而，大多数在关键界面整合高空间分辨率监测的研究并没有在高

① Werner B J, Lechtenfeld O J, Musolff A, et al. Small-scale topography explains patterns and dynamics of dissolved organic carbon exports from the riparian zone of a temperate, forested catchment[J]. Hydrology and Earth System Sciences, 2021, 25(12): 6067-6086.

时间分辨率下做到这一点。因此，只有某些条件的快照是可检测的，而且溶质输出的关键热时刻（如秋季的第一次暴雨事件）很可能会被忽视。通过更密集或更有针对性的高频水质监测网络的帮助，人们可以在空间和时间上增加对水质环境控制点的了解。这可能是改善水质控制的一大步，有助于保护和恢复流域范围内的水质。

高频监测技术还提高了公众对水资源保护的参与意识。高频监测技术能够提供易理解的水质数据和信息，让公众可以更好地了解水资源状况，参与水资源保护和管理的决策过程。这种公众参与不仅增强了环境政策的社会支持，还有助于促进可持续的水资源管理。

2.1.5　高频监测技术在特定水体类型的监测应用

高频监测技术在不同类型的水体监测中具有独特的应用和挑战。从河流、湖泊到地下水和海洋环境，这些技术的应用为了解这些水体的特性和管理技术问题提供了关键支持。在河流环境中，高频监测技术主要用于追踪污染物的来源和流动，以及评估人类活动对河流生态系统的影响。例如，通过连续监测河流中的化学成分和生物指标，高频监测技术可以识别上游的污染源，如工业排放和农业径流。这些监测数据可以帮助评估河流流域的整体健康状况，指导水资源管理和保护。

长期以来，由于难以在恶劣天气条件下监测大型非涉水河流的空间异质性和时间动态过程，人们对河流生物地球化学过程的研究一直受到限制。因此，人们对这些水生系统中代谢率的估计往往偏向阳光充足、低流量的条件，未能捕捉水文扰动和营养脉动的影响。高频监测的出现使人们在更广泛的空间和时间尺度上，解决预测代谢模式和营养循环的知识缺口问题变成了可能。多参数传感器可以用于将河流生态学与水化学和流域科学研究结合起来，并能够在溶质和沉积物输出的关键时期对生物地球化学过程进行更细致的划分。人们对河流内部处理机制的进一步了解，确保了更好地预测养分负荷和温室气体通量。这可用于为管理部门决策提供关于土地利用、流量调节和河流恢复的预期影响的信息。

湖泊是封闭或半封闭的水体系统，湖泊的水质监测对于维持其生态平衡至关重要。高频监测技术在湖泊环境中用于监测营养盐水平、溶解氧和水温等参数。这些参数对于理解湖泊生态系统的动态变化非常重要。通过监测这些参数，人们可以及时发现和应对诸如水体富营养化等问题。

地下水作为重要的饮用水源之一，其监测对于公共健康和水资源管理至关重要。高频监测技术在地下水监测中用于追踪水位变化、污染物渗透和地下水质量的长期变化趋势。这些数据对于人们评估地下水资源的可持续利用和制定保护政策至关重要。

在海洋环境中，高频监测技术主要用于评估海洋污染、海洋酸化和气候变化等对海洋生态系统的影响。海洋监测面临着特有的挑战，如海水的盐度和深度的变化。高频监测技术在海洋中可以用于追踪溶解氧、营养盐、海洋酸化指标等重要参数，帮助科学家和政策制定者更好地了解和应对这些全球性问题。例如，Malzahn 等在合成橡胶氯丁橡胶水下服装上的可穿戴丝网打印的生物传感器。[①] 该生物传感器可用于海水样品中痕量重金属污染物、硝基芳香族爆炸物和酚类污染物的监测，如图 2-2（a）所示。有人利用数字微流体稀释器芯片和驱动元件制作了一种全自动全藻类生物传感器。该生物传感器可用于海水中铜、铅、苯酚和壬基酚的检测，检出限分别为 0.65 μmol/L、1.90 μmol/L、2.85 mmol/L 和 5.22 μmol/L，如图 2-2（b）所示。

---

① Malzahn K，Windmiller J R，Valdés-Ramírez G，et al. Wearable electrochemical sensors for in situ analysis in marine environments[J]. Analyst，2011，136（14）：2912-2917.

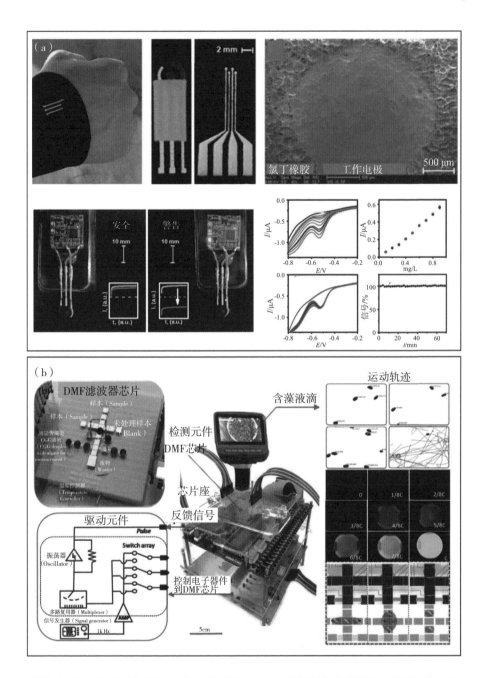

图 2-2　可穿戴丝网打印的生物传感器与全自动全藻类生物传感器的组件和工作原理

高频监测技术在河流、湖泊、地下水和海洋等不同水体类型的监测中展现了多样性和有效性。这些技术不仅为人们提供了关键的环境数据，还为人们保护水资源、促进水资源可持续利用提供了支持。

2.1.6　高频监测技术在未来水资源研究和管理中的潜在发展

高频水质监测技术为"水质动态的精细结构"提供了新的见解。高频数据监测技术通过高频采样获得高频采样数据集。高频数据集提供了流域、水系网络传输和一系列化学物质的处理方法在不同循环过程之间的相互作用，以及全球变化对淡水系统的影响，从而促进了流域科学、水化学和水生态学的发展。

当前的挑战是整合现有的高频数据集，进行知识合成，提高数据信息透明度和数据共享水平，扩大多个流域的高频化学观测，并将质量控制、质量保证、分析方法标准化。处理大量高频数据的方法的标准化对于高频水质监测从纯粹的科学努力转变为水质管制和决策应用至关重要。目前，高频水质监测技术的潜力还没有全部发挥出来。高频水质仪器与遥感以及最先进的统计和建模工具相结合，将推动这一进展。

高频监测技术在未来水资源研究和管理中的应用也将持续扩展和深化。这些技术发展的重点不仅在技术本身的进步，还将涉及应对新的环境挑战和满足日益增长的管理需求。

未来，人工智能、机器学习、大数据分析和物联网等新兴技术，预计将在高频监测技术中发挥更重要的作用。这些技术将使水质监测更加智能化和自动化，提高数据分析的精度和效率。例如，人工智能可以用于预测水质变化趋势和识别异常模式，从而提前预警潜在的环境风险。高频监测技术的不断发展，也将面临新的挑战。例如，如何确保大量数据的有效管理和安全？如何使监测系统更加稳定可靠？如何降低技术应用的成本？技术的普及程度和接受度也是未来发展中需要考虑的重要因素。

未来的水质监测策略需要更加灵活和综合。这可能需要人们进行跨学科和跨领域的合作，利用多种监测技术进行综合评估。例如，传统的野外采样和高频监测数据可以提供更全面的水环境评估。而高频监测技术的未来发展有望进一步促进水资源的可持续管理。通过提供实时、连续的水质数据，这些技术可以帮助管理者更好地理解水资源的动态变化，制定更有效的保护和管理策略。公众参与是未来水资源管理的重要组成部分。高频监测技术可以提供易于理解的数据和信息，促进公众对水资源保护的认识，提高公众对水资源保护的参与度。通过结合新兴技术、应对挑战，并采用灵活综合的监测策略，这些技术将进一步支持全球水资源的可持续管理和保护。

2.2　传感器技术与数据采集技术

2.2.1　传感器技术与数据采集技术在高频水质监测中的革新

在高频水质监测领域，传感器技术与数据采集技术的进步正在开启一个新的时代。这一进展不仅是技术层面的突破，还是对整个水质监测方法的根本革新。

传感器技术是高频水质监测的核心。传感器技术的革新使各类水质监测传感器变得更加精确、更加灵敏。这些传感器能够实时监测各种水质参数，如溶解氧、pH、浊度，以及特定化学物质的浓度，如氨氮和磷酸盐等。

在所有的传感器种类中，海洋传感器是重要的一种。典型的海洋传感器包括甲烷传感器、氡传感器、亚铁离子传感器、二氧化碳传感器、微生物传感器、污染物传感器、营养物质传感器和海鲜传感器。甲烷探测是发现天然气水合物储层的重要手段。甲烷传感器包括电化学电导率传感器、光学传感器和质谱传感器。探测氡是研究海底地下水排放的必要条件。氡传感器包括空气氡监测系统、γ 射线能谱和脉冲电离室传感系统。亚铁离子的检测在许多生物地球化学反应和过程中起着关键作用，如磷释放和生物利用度等。亚铁离子传感器包括电化学传感器、薄膜扩散平衡技术或薄膜扩散梯度技术传感器和光学传感器。海洋吸收人为排放的二氧化碳可以改变海洋碳酸盐岩系统。二氧化碳传感器包括光学传感器、基于光电的传感器和 GasPro 探测器。微生物传感器包括藻类的核糖核酸生物传感器、藻类的表面等离子体共振生物传感器、藻类和病原体的脱氧核糖核酸生物传感器。污染物监测是评价海洋环境的基础。污染物监测传感器包括微量重金属污染物丝网打印生物传感器。海水中铜、铅、苯酚和壬基酚的全藻类生物传感器，海洋浮游植物运动传感器，评估污染物毒性和表面增强的拉曼散射传感器。营养盐的检测是评价海洋富营养化的重要手段，用于营养盐检测的传感器包括比色传感器、光学传感器和电化学传感器。海产品检测主要用于评价各种海产品的新鲜度和安全性，分析海产品新鲜度的传感器有化学生物传感器、电子鼻、电子眼、电子舌、核磁共振光谱传感器、光学光谱传感器等。这些海洋传感器可以集成到稳定/固定的平台（如浮标和着陆器）和移动的平台（如机会船、滑翔机、自主水下航行器和远程操作车辆等）中。这些传感装置可以在没有监督的情况下自动连续测量目标。

数据采集技术的进步使从传感器收集的数据更加可靠和易处理。现代数据采集技术能够连续不断地从传感器收集数据，实时传输至中央处理系统。这些技术不仅可以处理大量数据，还能够在接收数据后立即进行初步分析。以一个河流监测项目为例，该项目将一系列水质监测传感器布置在河流的上游、中游和下游。这些传感器每分钟收集水质数据，并通过无线网络实时发送至监测中心。通过这种方式，环保团队能够实时监控河流的水质状况，及时发现污染事件并迅速采取应对措施。无线水质监测示例如图 2-3 所示。

图 2-3　现代数据采集系统工作示例

尽管传感器技术和数据采集技术的进步带来了诸多好处，但它们面临着不少挑战。例如，如何保证传感器在恶劣环境下稳定运行？如何处理和分析大量收集的数据？高成本是限制这些先进技术广泛应用的一个因素。这些技术的发展将更加注重提高传感器的稳定性和耐用性，降低成本，并进一步提高数据处理的智能化水平。这些进步将使高频水质监测技术更加普及，为保护水资源和环境提供更有力的支持。

传感器技术和数据采集技术在高频水质监测中的应用正在经历一场深刻的变革，这不仅提高了水质监测的效率和准确性，还为环境保护和水资源管理提供了新的视角和方法。随着技术的不断进步，人们可以期待拥有一个更加清洁、安全的水环境。

2.2.2　传感器技术在水质监测中的应用深度与影响

在水质监测领域，传感器技术的应用正在不断深化，其影响范围正在从单一的监测扩展到整个水质管理系统的优化。这些传感器不仅是数据收集的工具，还是水质监测系统中不可或缺的一部分。

现代传感器技术使水质监测能够真正实现实时性。例如，在城市的主要水源地，一系列先进的传感器被部署于关键位置，它们能够连续监测水体的化学成分和物理特性。这些传感器实时收集数据，如溶解氧、氮化合物水平、重金属含量等，为水质的实时评估提供了基础。

这些传感器的深化应用极大地提高了水质管理的效率。管理人员在调整水处理工艺和应对突发的水质污染事件时，可以基于实时数据做出快速响应。例如，当传感器检测到特定污染物浓度升高时，水处理厂可以及时调整处理流程，以确保水质的安全。实时水质监测的透明化也增强了公众对城市供水系统的信任。通过公开实时水质数据，居民可以直接了解他们饮用水的质量，这种透明度对于提升公共服务的可信度至关重要。不过，尽管传感器技术的应用带来了显著的好处，但在技术实施过程中也存在挑战。例如，如何确保传感器在长期运行中的准确性和稳定性？如何有效管理和分析大量实时数据？为解决这些问题，不断的技术创新和维护工作是必需的。

2.2.3 传感器技术与数据采集技术在提高水质预警系统效能中的应用

传感器技术与数据采集技术的不断进步在提升水质预警系统的效能方面发挥了重要作用。这种进步不仅提高了水质预警系统的响应速度，还极大增强了其预测准确性，为防范和应对水质相关的环境风险提供了坚实基础。

在城市供水系统中，传感器不断监测着水质的每一个变化。传统的水质监测方法可能需要数小时甚至数天来确认污染事件，而现在，借助实时数据分析，水质预警系统能在数分钟内发出警报。这种快速响应对于防止污染物扩散至整个供水系统至关重要。高级数据采集技术采集到的数据被迅速传输到中央处理系统。在这里，通过利用先进的数据分析方法，系统能判断水质的微小变化是否预示着潜在的污染风险。一旦检测到异常，水质预警系统会立即启动，通知管理人员采取适当措施。这一技术的应用还强化了整个城市水资源管理系统的风险管理能力。管理团队不再仅仅依赖被动的污染响应，而是能够基于数据分析进行主动的风险评估和管理。

例如，Legrand 等开发了一种用于海洋环境中原位硅酸盐检测的自主电化学传感器，如图 2-4（a）所示。[①] 这种传感器的检测范围为 1.63 ～ 132.8 mol/L，检出限为 0.32 mol/L，定量限为 1.08 mol/L。Altahanet 等改进了一种商用自动化传感器，如图 2-4（b）所示。这种传感器可同时检测海水中的磷酸盐、硅酸、硝酸盐和亚硝酸盐。[②] 该传感器显示了良好的准确度，磷酸盐的偏差为 8.9%，硅酸的偏差为 4.8%，硝酸盐加亚硝酸盐的偏差为 7.4%。有人提出了一种用于检测海水中硝酸盐、亚硝酸盐和氯化物的原位电位测量传感器，如图 2-4（c）所示。该传感器由脱盐装置、酸化装置、传感流池和全固态膜电极组成，反应时间小于 12 s，稳定性好，长期漂移小于 0.5 mV/h，重现性好，偏差小于 3%。Barus 等人报道了一种基于方波伏安法的海水磷酸盐传感器，如图 2-4（d）所示。[③] 该传感器在小体积（<400 μL）下进行检测，检测范围为 0.25 ～ 4 μmol/L，检出限为 0.1 μmol/L。另外，还有人研究了一种经济有效的生物发光传感器，用于实时监测海洋硝酸盐。该生物传感器基于蓝藻聚球藻的自发光菌株，可检测浓度低至 16.3 μmol/L 的硝酸盐。这些传感器实物如图 2-4 所示。

①　Legrand D C，Mas S，Jugeau B，et al. Silicate marine electrochemical sensor[J]. Sensors and Actuators B：Chemical，2021，335：129705.

②　Altahan M F，Achterberg E P，Ali A G，et al. NaOH pretreated molybdate-carbon paste electrode for the determination of phosphate in seawater by square wave voltammetry with impedimetric evaluation[J]. Journal of The Electrochemical Society，2021，168（12）：127503.

③　Barus C，Romanytsia I，Striebig N，et al. Toward an in situ phosphate sensor in seawater using square wave voltammetry[J]. HYPERLINK，2016，160：417-424.

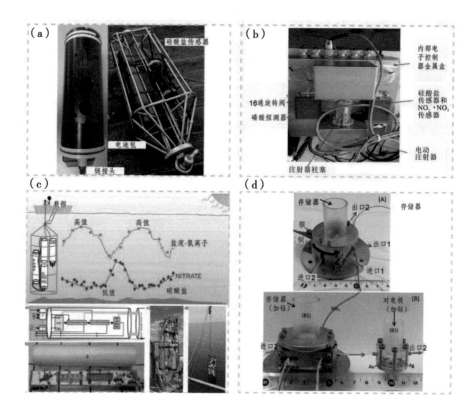

图 2-4　几种海洋营养物质传感器的示意图

虽然传感器技术与数据采集技术在提升水质预警系统效能方面取得了显著进步，但在应对数据的海量化和实时处理需求方面仍面临挑战。为此，持续的技术更新和优化，以及对相关人员的专业培训是非常重要的。这些措施可以确保水质预警系统不仅响应迅速，还足够稳定可靠。

2.2.4　传感器技术与数据采集技术在环境监测与可持续发展中的角色

传感器技术与数据采集技术在环境监测领域的应用已经超越了传统的水质监测框架，正成为推动可持续发展和环境保护的重要手段。这些技术的应用不仅可以识别和响应现有的环境问题，还可以预测未来的挑战和规划长期的环境保护策略。

　　海洋环境的评估战略主要是以取样、观察和测量为基础的。船舶进行海上取样,并将这些样本传送到实验室或船上。海洋污染物的测量难点在于其浓度低。因此,传感器应该能够检测 ng/L 或 pg/L 水平的海洋污染物。一些传统的分析方法已被应用于污染物的检测。例如,海水样品中有机污染物的检测主要是基于色谱法,包括液相色谱法和气相色谱法。质谱分析法也广泛用于环境筛选。人们建造了一些平台,如卫星、潜水器和漂浮器,用于自动化测量。这些方法以直接采样、机载、卫星图像和遥感技术为基础。大多数远程和自动化测量是基于传感器对海水参数变化的监测,如温度、电导率、深度和浑浊度。

　　近年来,人们开发的新型传感器和生物传感器大多基于电化学或光学原理。这些传感器具有便携性、现场可部署性和易于制造等优点。需要进一步评价它们在实际海洋样品或实际海洋环境中对分析物的检测性能,包括分析灵敏度、选择性、检测限、重复性和重现性。未来的研究方向应集中于开发高质量的传感器和连续的生物传感器对污染物进行现场监测,而不是在特定的采样地点和时间检测这些污染物。微流体技术可以与这些传感器集成,以提高其性能。几种用于检测海洋污染物的传感器的特性如表 2-1 所示。

表 2-1　几种用于检测海洋污染物的传感器的特性

名　称	目标分析物	传感器原理	探测范围	检测时间	精　度	操作深度
可穿戴式丝网打印的生物传感器	微量重金属污染物;硝基芳烃和酚醛的污染物	电化学	苯酚:$0 \sim 5.5$ μmol/L;4-氯苯酚:$0 \sim 25$ μmol/L;邻苯二酚:$0 \sim 5$ μmol/L;铜:$10 \sim 90$ μg/L	60 s	2.07%	不限
全自动全藻类生物传感器	海水中的铜、铅、酚和壬基酚	微流体光学	铜:$0.95 \sim 3.22$ mol/L;铅:$2.42 \sim 5.54$ μmol/L;苯酚:$2.87 \sim 7.01$ mmol/L;壬基酚:$6.34 \sim 10.87$ μmol/L	2 h	—	—

名　称	目标分析物	传感器原理	探测范围	检测时间	精　度	操作深度
海洋浮游植物运动传感器	汞、铅、铜和苯酚在海水中的毒性	微流体光学	—	2 h	—	—

　　根据实时和全面的环境数据，城市管理者能够更好地理解环境变化的复杂性。例如，对于水体富营养化问题，传感器技术能够提供关于营养物质来源和水体反应的详细数据，帮助城市管理者制订更有效的水质改善计划。这种基于数据的方法有助于实现更可持续的环境管理和资源利用。城市管理者可以依据最新的环境数据，迅速做出反应，无论是应对突发的环境事件，还是规划长期的环境保护措施。这种即时的信息流大大提高了决策的效率和有效性。传感器技术和数据采集技术在环境监测领域的应用将更加广泛和深入。随着技术的不断进步，人们可以期待一个更加智能和可持续的城市环境管理体系的形成，这将为城市居民带来更清洁、更健康的生活环境，并为全球环境保护事业做出贡献。

2.2.5　传感器技术与数据采集技术在城市水质管理策略中的实践应用

　　在城市水质管理策略的制定和执行过程中，传感器技术与数据采集技术已成为关键的实施工具。这些技术的应用不仅能监测水质的变化，还能帮助城市管理者制定更加精确和有效的水质管理策略。

　　在城市的供水和污水处理系统中，一系列精密的传感器被安装在关键节点，如水源地、处理厂，以及主要的供水管网。这些传感器连续监测着水的各项指标，如化学成分、浊度和微生物含量。这些数据被实时收集并发送到数据中心，再由专业的数据分析团队处理和分析。基于这些实时数据，城市的水质管理团队能够更精确地了解水质的实时状况，并据此制定或调整水质管理策略。例如，如果传感器检测到某个区域的水质指标出现异常，水质管理团队可以迅速调查原因，并根据情况调整处理流程或采取其他应对措施。这种即时的监测和数据分析能力对于应急响应尤为重要。在发生水质污染事故时，传感器能够第一时间捕捉异常变化，使水质管理团队能够快速采取行动，限制污染的扩散，保护居民的饮用水安全。

这些技术使水质监测更加精细和全面。传感器能够监测到其他技术难以捕捉的微小变化，为水质的长期改善提供了重要的数据支持。这对于保障城市居民的饮用水安全和推动水资源的可持续利用具有重要意义。随着技术的不断发展，城市水质管理将会进一步提升，从而确保水资源的长期健康和可持续性。

2.2.6　传感器技术与数据采集技术在水质监测中的进阶应用

随着传感器技术和数据采集技术在水质监测中的不断应用，这些技术正在向更加高级的应用领域扩展。它们不仅提供了监测水质的基本功能，还开始在复杂的环境分析和长期的水资源管理中扮演关键角色。

鱼类和其他海鲜产品在人类饮食中扮演着重要的角色。它们含有丰富的营养成分，如蛋白质、不饱和脂肪酸、维生素和矿物质。[1]海产品 pH 通常为中性，水活性高，结缔组织和自溶酶含量低，极易腐烂。在腐败过程中，其外观、气味、口感和肉的质地迅速恶化。[2]海产品在海洋环境中可能受到藻类毒素的污染，给食品安全带来了很大的隐患。因此，人们需要可靠的方法来评价海产品的质量和安全。

通过利用传感器技术和数据采集技术，水质监测技术现在能够监测更复杂的水环境。例如，通过分析收集的水质数据，专家可以识别特定污染源的特征，甚至可以追踪到污染的具体来源。这些技术还能够帮助预测由于环境变化（如降雨模式的变化）可能导致的水质问题。

在长期水资源管理方面，传感器技术和数据采集技术的进阶应用为管

① 　于仁文.解密海鲜的营养价值 [J].健康博览，2013（6）：57-58.

② 　陈晶晶，吕敏，阮志德，等.天然生物保鲜剂应用于海鲜保鲜的研究进展 [J].安徽农业科学，2023，51（2）：9-14，20.

理者提供了宝贵的支持。通过分析长期收集的数据，管理者可以揭示水资源利用的趋势和模式，帮助规划未来的水资源配置。例如，管理者可以基于历史数据判断需要增加水库储水量的时间，以应对干旱季节。这些技术的进阶应用也与全球可持续发展目标紧密相连。通过更精确的水质监测和分析，管理者可以更有效地管理其水资源，减少浪费，保护生态环境，从而支持可持续发展的广泛目标。由于应用领域的扩展，技术面临的挑战也在增加。例如，如何处理和存储越来越大量的数据？如何确保分析结果的准确性和可靠性？这些挑战要求人们不断地进行技术创新和进行专业人才的培养。随着这些技术的进阶应用，城市水质监测和管理领域正在迎来新的发展机遇。这不仅有助于提高当前的水质管理效率，还为未来的水资源可持续利用奠定了坚实的基础。随着技术的进步，城市的水资源管理将继续朝着更加智能化和高效化的方向发展。

2.3　在线监测系统

2.3.1　在线监测系统的架构与设计

在线监测系统的架构与设计对于实现高效和准确的水质监测至关重要。这一系统不仅涉及复杂的技术集成，还需要精确的策略规划，以确保监测数据的准确性和实用性。这个系统的设计过程要考虑的关键因素包括传感器的选择、数据传输的可靠性，以及数据处理和分析的能力。

在线监测系统的核心在于其传感器的选择和配置。传感器的类型和数量需要根据监测目标和环境条件来确定。例如，城市供水系统的关键监测指标可能包括溶解氧、浊度、pH，以及各类化学污染物（如氨氮和重金属）。选择高质量、高灵敏度的传感器对于提供准确数据至关重要。数据传输是在线监测系统的另一个关键组成部分。在线监测系统需要实时或定期将收集的数据发送到中央处理中心。这要求数据传输网络既要高效又要可靠。在设计数据传输方案时，人们需要考虑数据的安全性、传输的稳定性，以及在各种环境条件下的可靠性。在线监测系统收集的数据需要经过有效处理和分析，以提取有用的信息。这要求在线监测系统具备强大的数据处理和分析的能力。数据处理包括数据清洗、校正和整合，数据分析可能涉及统计分析、趋势预测和异常检测。这些处理和分析工作对于提供可靠的监测结果、支持决策制定至关重要。

许多现有的基于过程的水化学模型，如土壤和水评估工具（soil and water assessment tool, SWAT）、综合校准和应用工具，是在低频数据和低计算能力的时代发展起来的，这阻碍了对高频数据集的直接集成。到目前为止，应用工具一直基于聚合的高频数据（如日平均浓度）来匹配模型的时间步长，或者使用高频数据来设置稳健的模型评价标准。对高频数据的评估可以洞察整体模型性能及其代表关键运输或周转过程（如溶质的地下传递）的能力，从而有助于为给定流域选择适当的水化学模型。Piniewski 等研究表明，使用 SWAT 可以改善其性能，高频数据可以对模型预测进行基准测试，并评估校准数据中的不确定性来源。[①] 高频数据还可以通过模拟反映流域径流分配和基于事件的浓度或稀释效应的特定流域浓度的短期变化，来帮助验证模型性能或者滞后模式。

通过精心设计和不断优化，在线监测系统能够为水质管理提供强大的支持。它不仅能够实时监测水质状况，还能够帮助识别和预防潜在的水质问题。这对于确保城市居民的饮用水安全和保护水环境至关重要。随着技术的进步，这些系统将继续在水质监测和管理方面发挥关键作用。

2.3.2　在线监测系统的数据处理与分析流程

在线监测系统的有效运作不仅依赖精确的传感器和稳定的数据传输，还高度依赖高效的数据处理与分析流程。这个流程将大量收集的原始数据

① Piniewski M，Mehdi B，Bieger K. Advancements in soil and water assessment tool（SWAT）for ecohydrological modelling and application[J]. Ecohydrology and Hydrobiology，2019，19（2）：179-181.

转化为有用的信息，为水质管理决策提供科学依据。

一旦水质监测数据被传感器收集并发送至数据中心，它们会经历一系列的数据处理步骤。这包括数据清洗（去除错误或无关数据）、数据校准（确保数据的准确性）和数据整合（将来自不同传感器的数据合并）。例如，如果某个传感器检测到异常高的污染物浓度，在线监测系统会检查其他传感器的数据以确认这一读数是否可靠。数据处理完成后是更复杂的数据分析阶段。在这一阶段，通过利用高级的统计和机器学习算法，在线监测系统可以识别特定的水质变化模式、预测未来的水质变化趋势，甚至自动发现潜在的水质问题。例如，通过分析历史数据，在线监测系统可以预测某些季节或特定的天气条件下水质可能出现的变化。

为了让监测的数据更容易被理解和应用，数据可视化在这一流程中扮演着重要角色。通过将数据转化为表格、图像，管理者可以更直观地理解水质的状况和变化趋势。这种可视化不仅对技术人员重要，对于向公众介绍水质信息同样关键。

在线监测系统的数据处理与分析流程是确保水质监测准确性和实用性的关键环节。通过这个流程，在线监测系统不仅能够提供实时的水质监测，还能够支持复杂的水质管理决策。数据处理技术的进步，将使在线监测系统在未来的水质监测和管理中发挥更加显著的作用。

2.3.3　在线监测系统在实际水质管理操作中的应用

在线监测系统在实际水质管理操作中起到了至关重要的作用。通过持续监测和实时数据分析，系统使水质管理的响应更加迅速，尤其是在处理突发水质事件和进行长期水质改善计划时。

在线监测系统的一个主要优势是能够提供实时的水质监测数据。例如，在一个大型的城市供水系统中，各种传感器被部署在整个供水网络中实时监测水质的关键指标。这些数据被实时传送到监控中心，使管理团队能够立即识别任何水质的异常变化，并迅速采取行动。

当在线监测系统检测到如化学污染或微生物污染的异常时，管理团队可以迅速采取措施，如调整水处理流程、关闭受影响的供水管线，或者向公众发出警告。这种快速响应机制对于保护居民的健康和安全至关重要，特别是在发生工业污染或自然灾害导致的水质问题时。除了应对突发事件，在线监测系统还支持长期的水质改善计划。通过分析长期收集的水质数据，管理团队可以识别特定地区或特定时间段的水质问题，从而制定更有效的改善策略。例如，如果数据显示某个季节水源地的污染物浓度有所增加，管理团队可以提前规划额外的水处理措施。在线监测系统的维护和更新也非常重要。定期检查和维护传感器、确保数据传输的稳定性，以及更新数据分析算法都是确保在线监测系统长期有效运行的关键。培训工作人员正确理解和使用这些系统同样不可或缺。

近年来，一些新型的生物传感平台被开发出来。例如，Liu 等人报道了一种快速、高通量、便携式和易于操作的基于鱼类的微流体平台。[①] 该平台可以同时检测水媒病原菌并评估其感染潜力。Liu 等报道了一种基于脱氧核糖核酸适体的横向流动生物传感器用于检测新加坡石斑鱼虹彩病毒（singapore grouper iridovirus, SGIV），如图 2-5 所示。[②] 他们用两个抗SGIV 感染细胞的脱氧核糖核酸适配体检测 SGIV，一个用于目标分离，另一个用于链位移扩增反应。与聚合酶链式反应（polymelase chain reaction, PCR）方法相比，该方法无须精密仪器，检测时间不超过 90 min。

———————

① Liu Y S，Deng Y L，Chen C K，et al. Rapid detection of microorganisms in a fish infection microfluidics platform[J]. Journal of Hazardous Materials，2022，431：128572.

② Liu J X，Zhang X Y，Zheng J Y，et al. A lateral flow biosensor for rapid detection of singapore grouper iridovirus（SGIV）[J]. Aquaculture，2021，541：736756.

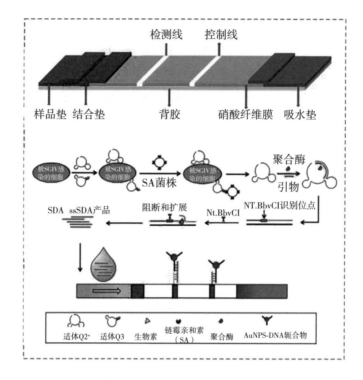

图 2-5　用于检测 SGIV 的横向流动生物传感器的结构、原理和过程

在线监测系统在实际的水质管理操作中展示了强大的应用潜力。它不仅提高了对水质问题的响应速度，还提高了水质管理的效率和效果。随着技术的不断发展，在线监测系统将继续为保障水质安全和改善水环境质量发挥重要作用。

2.3.4　在线监测系统与用户界面的整合及其在提升用户体验中的作用

在线监测系统不仅在技术层面发挥作用，其与用户界面的整合也在改变普通用户和专业人员对水质管理的体验。基于直观、易于理解的界面，在线监测系统使水质数据对于非专业人员更加可接近，同时提升了专业人员的工作效率。

大量关于大数据和传感器数据的有效用户界面的文献证明，有两种方法在设计此类系统时特别有用。一是在门户网站界面设计中采用用户体验研究方法。用户体验是一个成熟的人机交互研究领域，在设计产品和网络界面方面已经有效地使用了大约 30 年。这种方法能够帮助用户对需求进行深入理解（如访问、用例开发和开发人员指南），并且可以成为提高可用性的有效工具。

二是使用交互式小部件和可视化。通过利用定制文本框、映射界面、表格显示和绘图等方式，研究人员可以使用大量的 Javascript 库来创建直观的搜索和显示界面。[①] 基于用户体验方法获得的反馈，研究人员最终可以选择创建一个支持多参数图表的界面，以解决不同单位显示不同类型数据的问题。这些图表在所有变量之间是同步的，允许用户放大和缩小以进行探索性数据分析。

对于水质管理的专业人员而言，一个高效的用户界面可以大幅提升他们的工作效率。通过集成高级的数据分析和可视化工具，这些界面可以帮助他们快速识别和解读关键的水质趋势，从而更准确地规划和实施水质管理措施。

设计有效的用户界面面临的挑战包括如何呈现大量复杂的数据，以及如何确保不同用户群体都能轻松理解这些信息。为此，在线监测系统设计者需要与终端用户密切合作，了解他们的需求和偏好，并不断优化界面设计，使其既直观又功能丰富。

2.3.5　在线监测系统的数据安全与隐私保护

在线监测系统在水质管理中的应用越来越广泛，数据安全和隐私保护成了一个不可忽视的问题。这些系统每天处理着大量的水质数据，这些数据不仅对于水质管理至关重要，还可能包含敏感信息，因此确保这些数据的安全和隐私是至关重要的。

在线监测系统面临的主要数据安全挑战包括保护数据免受未经授权

---

① 佚名. JavaScript 库：Tangle[J]. 程序员，2013（9）：13.

的访问和攻击，以及防止数据泄露。这些挑战不仅涉及技术层面的保护措施，还包括制定和执行严格的数据管理规范。为了保障数据安全，在线监测系统需要实施一系列的技术和管理措施。技术措施包括使用加密技术来保护数据传输过程中的安全，以及在数据中心采用防火墙和入侵监测系统来防止未经授权的访问。定期的安全审计和漏洞测试也是必要的，以确保系统持续的安全性。隐私保护是另一个重要的考虑因素。虽然大多数水质数据可能不直接涉及个人隐私，但是在某些情况下，水质数据可能与特定的地理位置或设施相关联。因此，在线监测系统需要确保这些信息的处理符合隐私保护的法律和标准。

在实际操作中，数据安全和隐私保护的挑战包括如何处理数量越来越大的数据，以及如何适应不断变化的安全威胁。随着技术的发展和新的法规的实施，在线监测系统可能需要不断更新和调整以符合最新的隐私保护标准。

在线监测系统的数据安全与隐私保护是确保系统有效运行和获得公众信任的关键。实施严格的安全措施和隐私保护策略，可以确保在线监测系统在提供重要的水质监测服务的同时，保护数据的安全和用户的隐私安全。随着数据保护意识的提高和相关技术的进步，人们可以期待在线监测系统在安全和隐私保护方面将做得越来越好。

2.3.6 在线监测系统与持续的技术创新

在线监测系统在水质管理领域的成功运用，也带来了对持续技术创新的需求。随着环境变化和城市发展的不断加快，系统需要不断地适应新的监测环境，以保持其在水质监测和管理中的有效性和前瞻性。

随着新的污染物种类和环境挑战的出现，传统的水质监测方法可能不能足以胜任。新的传感器技术，如能够检测更多种类污染物的传感器，或者具有更高灵敏度和更低检测限的传感器，正在被研发。数据处理和分析技术也需要不断更新，以处理更大规模的数据并提供更深入的数据分析。在线监测系统不仅需要在硬件上持续创新，还需要在软件和数据处理算法上保持更新。例如，通过引入基于人工智能和机器学习的算法，在线监测系统可以提高数据分析的准确性和效率，帮助管理者更快地识别问题并做出决策。在线监测系统的用户界面和交互设计也需要不断改进，以提供更好的用户体验。

在线监测系统需要适应环境法规和安全标准的变化。这可能包括调整监测指标、改进数据报告的格式，以及确保系统符合最新的环境保护和数据安全标准。在线监测系统在水质管理中的作用日益显著，而持续的技术创新是确保其有效性和适应性的关键。随着技术的不断升级和优化，以及适应法规和环境变化的能力，在线监测系统将继续在未来的水质监测和管理中发挥重要作用。

2.4　设备的校准与维护

2.4.1　设备的校准与维护的实际操作和挑战

设备的校准与维护在在线高频水质监测系统中占有核心地位。这不仅涉及技术操作的精确性，还关系到整个监测系统的可靠性和长期运行的效率。在这一过程中，管理团队需要面对多方面的挑战，需要对从技术层面到操作流程的各环节进行优化。

在水质监测中，设备的校准是至关重要的。校准过程涉及调整传感器和其他测量设备，以确保它们能够提供准确的读数。例如，pH 传感器和溶解氧传感器必须定期校准，以确保水质测量的准确性。这一过程通常需要操作人员具备专业知识，了解各种测量标准和校准技术。对传感器和其他监测设备的维护是一个复杂的任务，特别是在恶劣的环境条件下。这些设备可能受到多种因素的影响，如温度变化、化学腐蚀或生物污染。定期维护操作包括清洁传感器、检查连接和更换受损部件。例如，浊度传感器可能需要定期清洁，以避免泥沙积聚影响其性能。随着监测技术的不断进步，设备的校准与维护的方法也在不断发展。新型传感器可能拥有更高的稳定性和更长的使用寿命，减少了校准与维护的需求。自动化校准与维护技术的发展也在简化这些操作，提高了整个监测系统的效率。

在实际操作中，设备的校准与维护的一个主要问题是如何在不中断监测服务的情况下完成这些任务。确保所有操作符合环保标准和安全规程也是必要的。操作人员需要不断更新他们的知识和技能，以适应新的设备和维护技术。设备的校准与维护是确保高频水质监测系统准确性和可靠性的关键。定期和专业的校准与维护操作，可以确保监测数据的质量，从而支持有效的水质管理决策。随着技术的不断发展，校准与维护的方法也在不断进步，使监测系统更加高效和可靠。

2.4.2 设备的校准与维护的实施策略和操作流程

在水质监测系统中，设备的校准与维护的实施策略和流程是确保数据准确性和系统稳定性的关键。这一过程需要综合考虑设备的特性、使用环境和监测数据的重要性，并制定一套高效的操作流程。

为了保证水质监测设备的准确性和可靠性，定期的校准与维护是必不可少的。根据设备的类型和使用环境，操作人员需要制定一个详细的校准与维护时间表。例如，一些传感器可能需要每月校准一次，而其他传感器可能需要每季度或每年进行一次维护。校准通常涉及将传感器与一个已知的标准进行比较，并进行必要的调整。例如，pH 传感器可能需要与标准pH 溶液进行比较并调整。维护操作可能包括清洁传感器、更换磨损部件或更新软件。对于一些高精度设备，如分光光度计的维护操作尤为重要。设备校准与维护过程的一个主要挑战是如何做到对监测系统运行的干扰最小化。这通常要求在维护期间采用备用设备或临时方案，以保证数据收集的连续性。由于一些校准与维护操作可能需要专业知识，因此确保操作人员的技能和知识与最新的技术保持同步也至关重要。

遵循行业最佳实践和标准是实施有效校准与维护策略的重要部分。这不仅确保了操作的正确性，还有助于维持设备的最佳性能。同时，记录详细的校准与维护日志对于跟踪设备性能和规划未来的维护工作非常重要。基于这些实施策略和操作流程，水质监测系统的设备校准与维护可以有效的进行，从而确保监测数据的准确性和系统的长期稳定运行。在持续的技术进步和变化的环境条件下，这些操作流程的不断优化是保持系统效能的关键。

2.4.3　设备的校准与维护的技术创新

随着技术的不断进步，水质监测设备的校准与维护方式也在不断创新，不仅提高了设备校准与维护的效率，还增强了监测数据的准确性和可靠性。探索如何改变传统的校准与维护流程，以及如何影响整个水质监测系统，是至关重要的。

新的技术创新之一是自动化校准与维护系统。该系统能够自动调整传感器的设置，以确保持续的精确性。例如，一些先进的 pH 传感器和溶解氧传感器配备了自动校准功能，这可以减少人工干预，同时提高校准的频率和一致性。远程监控技术使技术人员可以在不到现场的情况下对设备进行检查和诊断。这种方式可以及时发现和解决潜在的问题，减少了对现场维护人员的依赖。

例如，有的系统可以测量 pH、温度、溶解氧、电导率、氧化还原电位和浊度。这组参数是水质评价中最常见的一组参数，监测这些参数的传感器可以连续运行。整套传感器安装在氧化铝上，所有传感器联合成一个聚氯乙烯（polyvinyl chloride, PVC）体，其输出的数据由数据采集程序采集。该系统可以进行远程数据传输。该系统包括一套用于采样、清洗和校准的电动阀门和泵。

通过技术创新，设备的校准与维护流程正在变得更加高效和智能化，不仅提高了水质监测系统的可靠性，也为未来的水质管理策略提供了更强大的支持。随着技术的不断发展，人们可以预见未来的水质监测将更加精确和高效。

2.4.4　设备的校准与维护人员的培训和知识更新

设备的校准与维护的有效实施不仅依赖先进的技术，还依赖操作人员的专业知识和技能。随着水质监测技术的发展，操作人员的培训和知识更新变得越来越重要。这不仅保证了设备的正确操作，还确保了监测数据的准确性和可靠性。

高频水质监测设备通常具有复杂的技术特性，操作人员正确操作这些设备需要接受专业的培训。例如，操作人员需要了解不同类型传感器的工作原理、校准方法，以及常见问题的诊断和解决方案。这需要定期对操作人员进行培训，确保他们的知识和技能与最新的技术发展保持同步。新的传感器类型、数据处理软件和维护技术的出现要求操作人员不断学习和适应。这不仅涉及技术知识的更新，还包括对相关的环境保护标准和法规的了解。

为了应对这些挑战，水质监测机构／公司需要制订和实施有效的培训计划。这些计划应包括定期的培训课程、工作坊和研讨会，以及访问相关技术研讨会和行业会议的机会。操作人员参与在线课程和自学也是知识更新的一个重要途径。除了技术培训，跨领域合作的促进也对提升整体设备的校准与维护能力至关重要。通过与科研机构、高等教育机构和行业组织的合作，操作人员可以获得关于最新科研成果和行业趋势的第一手信息。操作人员的知识和技能与最新的技术发展保持一致可以大大提高水质监测系统的运行效率和数据准确性。水质监测技术的不断进步使对操作人员的培训和操作人员的知识更新将持续成为重点领域。

2.4.5　设备的校准与维护的技术维护与故障处理

设备的校准与技术维护和故障处理是确保高频水质监测系统长期稳定运行的关键环节。有效的技术维护不仅可以延长设备的使用寿命，还可以及时发现并解决潜在的技术问题，从而保证监测数据的准确性和可靠性。

对于传感器测量的部署、维护和管理，人们需要考虑许多因素。第一，基于所提出的研究问题、利益相关者的需求和可用资源，网络设计需要捕捉系统的空间和时间异质性。第二，基于现场的环境条件和后勤条件，人们必须设计出尽可能多的高质量、连续的数据采集和维护方案。第三，人们必须制订应急计划来处理不可避免的、意想不到的事件，这些事件可能导致数据丢失或数据质量问题。第四，所有现场安装、校准与维护和其他活动都必须有良好的文档记录，以便将来实现良好的维护。

由于复杂的地形、动物活动、通道和安全考虑，在积雪覆盖的山区流域建立和维护可行的传感器网络所固有的挑战更加复杂。在冬季恶劣的环境条件下测试了电源供应、传感器的适用性和生存能力，以及有限的遥测选项。在环境系统发生变化的关键时期，有时现场访问是不可能的。

所以，定期和预防性维护对于避免突发故障和延长设备寿命至关重要。这包括定期清洁传感器、检查电路，以及更换老化的部件。例如，溶解氧传感器可能需要定期更换膜片和电解液，以保证其测量的准确性。另外，快速检测并响应设备故障对于维护水质监测系统的连续性至关重要。这需要水质监测系统具备故障诊断功能，能够及时警报任何异常情况。一旦检测到故障，操作人员应迅速采取措施进行修复，以减少对水质监测活动的影响。面对技术故障，操作人员采取有效的策略是解决问题的关键。在对故障进行了准确的诊断，确定其原因和解决方案后，操作人员根据问题的性质，决定是否需要进行现场修复、调整设备设置或更换损坏的部件。在某些情况下，操作人员也可能需要技术支持或专家的协助。

有效的备件管理也是设备维护中的重要环节。关键备件的库存应能保证在发生故障时操作人员可以快速更换，减少停机时间。建立与设备供应商或专业维护团队的良好合作关系，可以确保在遇到复杂故障时及时获得必要的技术支持。

第 3 章　在线高频水质监测中的化学检测新方法

3.1　现代化学分析技术

3.1.1　现代化学分析技术在在线高频水质监测中的创新与效能

现代化学分析技术在在线高频水质监测领域的应用已经取得了革命性的进步。这些技术不仅提升了分析的精确性和效率，还促进了人们对水环境中复杂化学过程的理解。这些技术中应用较广的有色谱分析、光谱分析以及质谱分析等。

高效液相色谱法是一种分析微量复杂化合物的关键技术。它的工作原理是基于化合物在移动相和固定相之间的相对亲和力差异。高效液相色谱法能够分离和鉴定水样中的各种有机化合物，如药物残留和内分泌干扰素，其基本操作公式可以表示为

$$R_f = \frac{t_R - t_0}{t_M - t_0} \tag{3-1}$$

式中：R_f 为保留因子；t_R 为样品保留时间（s）；t_0 为固定时间（s）；t_M 为流动相在色谱柱中的时间（s）。

质谱法是通过测量分子的质荷比来鉴定复杂混合物中的化合物。它特别适用于识别水样中的未知污染物。液质色谱－质谱法是一种强大的分析方法，能够提供化合物的详细分子信息，其基本原理可以表示为

$$化合物 \xrightarrow[\text{电离}]{\text{液相色谱法}} 离子 \xrightarrow{\text{质谱法}} 质荷比$$

原子吸收光谱法是用于测定水中金属离子浓度的传统技术。它通过测量特定波长的光被金属离子吸收的程度来确定金属的浓度。原子吸收光谱法特别适用于监测水中的重金属污染物，如铅（Pb）和汞（Hg），其操作公式可表示为

$$A = \varepsilon \times l \times c \tag{3-2}$$

式中：A 为吸光度；ε 为摩尔吸光系数 [L/（mol·cm）]；l 为光路长度（cm）；c 为浓度（mol/L）。

光谱分析技术，如紫外－可见光谱法和红外光谱法，通过测量样品对特定波长光的吸收或发射情况，提供有关化合物的电子结构和功能团的信息。

通过应用这些先进技术，在线高频水质监测不仅变得更准确和高效，还有助于环境科学家深入理解水环境中化学过程。这些技术的综合应用使人们能够更好地监测水质，评估环境风险，并为水资源管理提供科学依据。

3.1.2　现代化学分析技术在特定环境监测中的应用深度

现代化学分析技术在特定环境条件下的应用展示了其在解决复杂环境问题上的深度。这些技术能够针对不同环境的特殊要求提供定制化的监测解决方案。在复杂水体，如工业和农业污染严重的区域，传统的水质监测方法可能无法有效识别和量化所有污染物。此时，现代化学分析技术如液质色谱－质谱－质谱法和气相色谱－质谱法能够提供更高的灵敏度和选择性。例如，液质色谱－质谱－质谱法－能够在复杂的工业废水样本中

准确鉴定和量化微量的有害化合物。对于低浓度但潜在危害大的污染物，如某些药物残留和内分泌干扰物，现代化学分析技术能够实现极低检出限的监测。微流控芯片技术和纳米材料在传感器设计中的应用，可以大幅提高监测灵敏度，从而在更低的浓度级别检测这些物质。

现代化学分析技术在环境监测中不断创新。例如，水质监测系统在一个淡水湖中安装了 14 个浮标，每个浮标上都装有 3 个离子选择电极，用来检测铵离子、硝酸盐离子和氯离子的浓度。浮标之间的无线连接可以使用全球移动通信系统和通用分组无线服务协议来实现。这些数据是在一个地方收集起来的。数据可通过互联网访问，从而实时控制系统性能，如图 3-1 所示。

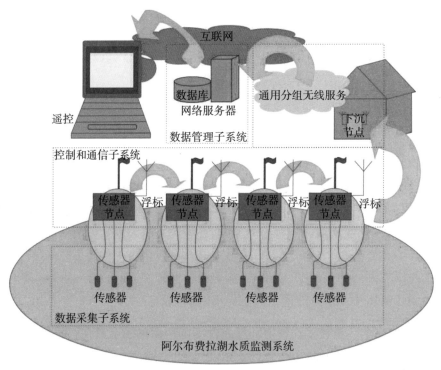

图 3-1　水质监测系统

这些应用表明，现代化学分析技术不仅在常规的环境监测中发挥作用，还能够针对特殊环境条件提供高效和准确的监测解决方案。通过不断的技术创新和应用拓展，这些技术为环境保护和水资源管理提供了强有力的支持。

3.1.3　现代化学分析技术在污染源识别和追踪中的应用

现代化学分析技术在污染源识别和追踪方面展现了独特的价值。基于精确的化学指纹和先进的数据分析，这些技术能够帮助科学家确定污染物的来源，并为污染治理提供科学依据。

通过利用高分辨质谱等技术，科学家能够获取污染物的精确化学指纹，这是识别污染源的关键。例如，通过比较受污染河水和可能的污染源（如工业排放）中化合物的质谱图谱，科学家可以准确追踪污染物的来源。现代化学分析技术还能够追踪污染物在环境中的传播路径。例如，通过结合同位素标记和质谱分析，科学家可以追踪特定污染物在水体中的迁移和转化过程。这种方法对于理解污染物如何在环境中分布和如何影响生态系统具有重要意义。

例如，对于水中的亚铁离子的检测方法目前已有电化学法、薄膜扩散平衡技术、薄膜扩散梯度技术和光学法等多种原位传感技术。[①] 其中，基于伏安微电极的传感器已经商业化，其他方法还处于实验室阶段。一种潜水伏安探针可以实现对沉积物 – 水界面中亚铁离子的原位实时测量。它由微电极阵列、伏安探针和单电位器组成，如图 3-2 所示。微电极采用高汞并覆盖琼脂糖凝胶，避免了表面污染。检测采用方波阴极溶出伏安法，响应时间为 5 ～ 10 min，检出限为 0.1 μmol/L。该系统已经商业化，用于痕量金属的原位测量。

———————

① 李希媛，管冬兴，李苏青，等 . DGT/DET 与 CID 技术联用获取环境微界面元素异质性分布特征：进展与展望 [J]. 生态学杂志，2022（2）：371-381.

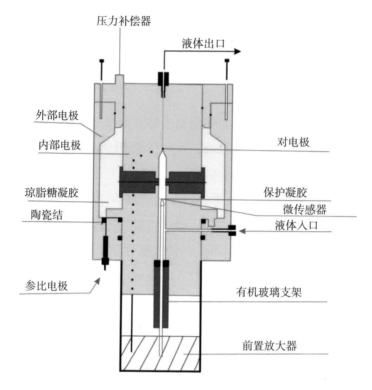

压力补偿器

液体出口

外部电极

内部电极

对电极

琼脂糖凝胶

保护凝胶

陶瓷结

微传感器

液体入口

参比电极

有机玻璃支架

前置放大器

图 3-2　伏安法测量亚铁离子传感器的图像

通过综合使用多种化学分析技术，如气相色谱－质谱和液质色谱－质谱法，科学家能够评估特定污染物对环境的影响。这些技术能够提供污染物浓度、毒性和生物累积性等关键信息，对于制定污染治理策略和环境保护措施至关重要。

准确识别污染源和评估其对环境影响的能力对于支持环境治理和制定法规非常重要。现代化学分析技术的应用使环境管理机构能够基于科学数据制定更有效的污染防治策略和环境保护法规。

3.1.4　现代化学分析技术在长期环境监测与趋势分析中的应用

现代化学分析技术在长期的环境监测和趋势分析中发挥着至关重要的作用。这些技术不仅能够提供即时的污染数据，还能够帮助科学家理解环境污染的长期变化趋势。

通过实施长期的环境监测计划，现代化学分析技术可以用于跟踪特定污染物随时间的变化情况。例如，通过定期使用高效液相色谱法和质谱法检测河流和湖泊中营养盐和有机污染物的浓度，可以帮助科学家理解这些污染物的季节性变化和长期变化趋势。现代化学分析技术在研究气候变化对水环境的影响方面也显示出重要价值。通过长期监测水体中的溶解氧、pH 和重金属浓度，现代化学分析技术可以帮助科学家揭示气候变化对水生态系统的影响。这些数据对于制定适应气候变化的水资源管理策略至关重要。通过利用大数据分析和模型构建，现代化学分析技术可以更全面地评估环境变化趋势。通过收集大量的监测数据并应用统计和模型分析方法，如机器学习和时间序列分析，现代化学分析技术可以帮助科学家识别环境污染的关键驱动因素和预测未来的趋势。

　　近年来，全球出现了许多用于海洋环境中氡连续测量的新型传感器和探测系统，如 RAD-7 测氡仪和伽马射线光谱仪。Li 等报道了一种自动脉冲电离室海洋测氡仪，用于测量表层海洋中溶解的氡，如图 3-3（a）所示。① 与商用的 RAD-7 测氡仪相比，该仪器的测量效率高出两倍左右，而且受相对湿度的影响较小，成本和功耗更低。Zhao 等提出了一种原位潜水测氡仪，该仪器集成了商用脉冲电离室氡传感器和气体提取膜模块。② 该仪器被成功部署在 2.5 m 水深处，持续工作时间超过 100 h，能够观测海底地下水流量，具有比 RAD-7 测氡仪更高的时间分辨率和双重测量效率，实物如图 3-3（b）所示。

①　Li C Q, Zhao S B, Zhang C L, et al. Further refinements of a continuous radon monitor for surface ocean water measurements[J]. Frontiers in Marine Science, 2022, 9: 1047126.

②　Zhao S B, Li M, Burnett W C, et al. In-situ radon-in-water detection for high resolution submarine groundwater discharge assessment[J]. Frontiers in Marine Science, 2022, 9: 1001554.

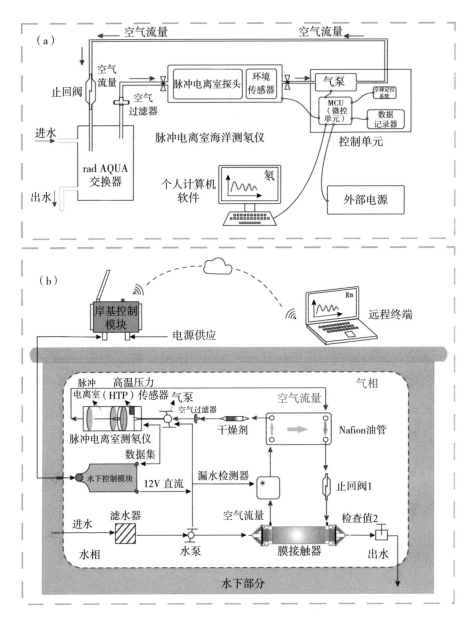

图 3-3 两种测氡仪的方案

长期环境监测和趋势分析的结果对于支持环境决策和政策制定具有重要价值。这些数据可以帮助决策者了解环境问题的发展趋势，评估现有的环境政策。现代化学分析技术在长期的环境监测和趋势分析中起着关键作用。这些技术不仅增强了人们对环境问题的理解，还为制定有效的环境保护策略和适应措施提供了科学依据。

3.2　发展中的化学传感器与生物传感器

3.2.1　化学传感器的发展趋势

化学传感器在在线高频水质监测领域扮演着至关重要的角色。这些传感器可以精准地测量水中各种化学成分的浓度，如溶解氧、氮、磷，以及其他有机污染物和无机污染物。随着科技的进步，化学传感器正在朝着更高的灵敏度、更广的检测范围和更低的能耗方向发展。本节将探讨化学传感器的最新发展趋势。

化学传感器是一种很有吸引力的水质分析仪器。这种传感器的电化学或光学特性取决于水中分析物的浓度。这种传感器已广泛应用于天然水和饮用水的分析。

当前，化学传感器的发展重点在于提高其灵敏度和准确性，使其能够检测到极低浓度的污染物。例如，新型的微电极传感器能够在纳摩尔级别检测特定的化学物质，这对于识别早期环境污染和评估水体健康状况至关重要。多参数传感器的发展也是一个重要趋势，这种传感器可以同时测量多种化学物质的浓度，提高监测效率并减少设备成本。

新兴的纳米技术在化学传感器的发展中起到了关键作用。纳米材料由于其独特的化学性质和物理性质，如高比表面积和强化的化学活性，被广泛用于提升传感器的性能。

有人在检测粪便污染的海水样本时，展示了基于分子印迹聚合物（molecular imprinted polymer, MIP）的传感器系统在现实生活中的可行性。MIP 纳米颗粒用于传感粪肠球菌作为粪便指标来评估水质。这种 MIP 纳米颗粒具有更高的表面与体积比的优势，这意味着其产生的空腔或结合位点更容易被目标分析物访问。粪肠球菌印迹纳米颗粒在水中和实际海水样品中均表现出良好的表面等离子体共振传感器性能，如图 3-4 所示，折射率的变化在 $2 \times 10^4 \sim 1 \times 10^8$ cfu/mL 浓度范围内呈线性，覆盖 4 个数量级。对结构相似的细菌的选择性研究表明，与其他竞争对手相比，MIP 纳米颗粒对印迹分析物的亲和力更高。

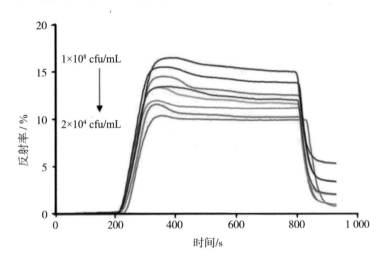

图 3-4　反射率随时间变化的情况

在实际应用中，对于城市供水系统，精确的化学传感器可以实时监测水质的变化，及时发现污染事件，保证供水安全。在自然水体，如河流和湖泊中，化学传感器可以用于监测水体的营养状态和有害化学物质的浓度，这对于评估水体健康状况和指导环境保护措施至关重要。随着不断的技术创新，这些传感器正在变得更加灵敏、准确和高效，为在线高频水质监测和环境管理提供了更可靠的数据支持。

3.2.2　化学传感器的创新应用与特定监测场景

化学传感器的不断创新和发展正为在线高频水质监测带来新的应用可能性。在特定监测场景中，这些先进的传感器不仅能提供更精准的水质分析数据，还能适应各种复杂和特殊的监测环境。本部分将深入探讨化学传感器在不同监测场景中的应用，以及它们如何与其他监测技术相结合以提升监测效果。

在城市供水系统中，化学传感器的应用对于保障饮用水安全至关重要。饮用水质量是人们最关心的问题，一项研究使用两个传感器站对这类水进行了分析。第一站传感器检测出游离氯的精密度为 0.5%，检出限为 0.02 mg/L；总氯的比色法精密度为 5%，检出限为 0.035 mg/L。第二站采用多传感器检测 pH、氧化还原电位、溶解氧、浊度和电导率。他们将 11 种不同的污染物注入研究液体中，包括除草剂、生物碱、大肠杆菌、氯化汞和铁氰化钾等。结果表明，这组传感器对每种污染物都产生了响应。不幸的是，这项工作并没有报告关于这些系统在长期应用期间的精度的任何数据。

在自然水体监测中，化学传感器同样发挥着关键作用。在河流和湖泊等生态敏感区域，化学传感器可以用于监测营养物质的浓度，如氮和磷，这对于评估水体的富营养化状态和制定恢复措施至关重要。化学传感器还能监测水体中的 pH 和溶解氧，这些参数对于评估水生态系统的健康状况极为重要。

在创新应用方面，化学传感器与遥感技术结合可以提供水体表面和水下的综合化学分析，为大规模的水质评估提供重要数据。通过结合数据分析工具，如机器学习算法，化学传感器可以从大量数据中提取出复杂的水质变化模式和趋势。

3.2.3　生物传感器在在线高频水质监测中的应用及其意义

生物传感器的发展为在线高频水质监测领域带来了全新的视角，尤其是在评估水体中生物污染和生态健康方面。生物传感器利用生物分子、细胞或微生物来检测和量化水中特定化学物质或生物学指标，为在线高频水质监测提供了更细致和更直接的生物学信息。本部分将探讨生物传感器在在线高频水质监测中的重要应用及其意义，以及生物传感器如何为水质监测提供更全面的生物学视角。

生物传感器的一个关键应用是检测水中的有毒物质，如重金属和有机污染物。生物传感器可以利用特定的生物分子、生物细胞检测水中的污染物及其浓度。例如，某些生物传感器利用微生物的生物发光反应来检测水中的毒性物质，当毒性物质存在时，微生物的发光强度会发生变化，从而提供了一种快速且敏感的检测方法。

在评估水体的生态健康方面，生物传感器同样展现了独特的价值。例如，通过监测水中的某些生物指标，如微生物群落的变化或特定酶的活性，生物传感器可以评估水体的生物质量和环境压力。这对于及时识别生态系统受损和制定恢复措施至关重要。生物传感器在监测水体中的营养物质（如氮和磷）方面也显示出巨大潜力。基于利用微生物或植物细胞对这些营养物质的特异性反应，生物传感器能够提供关于水体营养状态的重要信息。这对于理解水体的富营养化过程和制定有效的管理策略具有重要意义。例如，一种测定水中敌敌畏和甲基对氧磷的生物传感器系统由三个基于乙酰胆碱酯酶的生物传感器组成。这些酶被固定在丝网打印电极表面的聚合物基质中。酶溶液被沉积在电极表面并被光照射，诱导分子中叠氮基团的光聚合。这样的传感器阵列被建立在一个流量系统中，允许自动分析。

生物传感器的发展也推动了水质监测方法的创新。随着纳米技术和生物工程技术的进步，新一代的生物传感器正在变得更加灵敏、稳定和易于操作。这使生物传感器在实际的在线高频水质监测中的应用变得更加广泛和高效。生物传感器为在线高频水质监测提供了一个独特的生物学维度，使水质监测不仅限于化学和物理参数，还涉及生物学过程和生态状况。这些先进的生物传感器可以更全面地评估水质状况，更有效地指导水资源管理和环境保护策略。

3.2.4　生物传感器的最新发展及其挑战

生物传感器作为在线高频水质监测领域的一个创新分支，其最新发展正在不断推动水质监测界限的拓展。生物传感器的设计原理基于生物分子的特异性反应，利用生物体或其组分对特定化学物质的敏感性来检测水中的污染物或生物标志物。本部分将深入探讨生物传感器的设计原理、最新发展，以及面临的挑战和潜在的解决方案。

生物传感器的核心设计原理是利用生物体的天然或工程化的生物识别元件。这些元件可以是酶、抗体、微生物或细胞，它们对特定物质具有高度的专一性和灵敏性。例如，酶基传感器利用特定酶对其底物的特异性反应，产生可量化的信号，从而检测水中特定化学物质的存在。这种设计使生物传感器在检测低浓度污染物和复杂生物标志物方面具有独特优势。

生物传感器虽然能很好地识别和敏感地响应特定物质，但在非正常的生理环境条件下，它们的耐用性和技术应用会受到限制。为了解决这个问题，科学家们开发了一种叫做仿生系统的技术，这种技术模仿生物的选择性识别能力，并将其应用到能在恶劣或非正常生理条件下工作的系统中。

其中，分子印迹聚合物（MIP）是仿生系统中一种非常有前途的合成材料，因其高度交联的性质而具有较强的稳定性。与天然材料相比，MIP的成本要低得多，而且它的保存和使用时间也更长。更重要的是，MIP还能检测那些天然受体无法识别的分子。

在制作分子印迹聚合物时，会先加入一个模板分子（这个模板分子通常是我们想要检测的目标分子的类似物）。接着，聚合物会在模板分子的周围形成，当这个模板分子随后被去除时，聚合物内部就会留下一个空腔，我们称之为"识别位点"。

这个识别位点非常特别，它的大小、形状和化学功能都是根据原来的模板分子来定制的，因此与目标分子是互补的。这意味着，当目标分子遇到这个聚合物时，它会像找到了一个量身定制的"家"一样，能够非常精确地、选择性地重新结合到这个识别位点上。

最新的趋势是将生物工程技术与传感器设计相结合，创建更高效、更稳定的生物传感器。通过应用基因工程手段，研究人员可以定制和优化生物识别元件的性能，提高生物传感器对目标物质的亲和力和稳定性。结合纳米技术，研究人员可以进一步提高传感器的灵敏度和响应速度，使其能够快速准确地监测水质变化。尽管生物传感器在在线高频水质监测领域展现巨大潜力，但面临着一系列挑战。其中一个主要挑战是保持生物识别元件的稳定性和活性。在复杂的环境条件下，如温度变化、pH波动或有害化学物质的存在，生物元件的性能可能受到影响。为应对这一挑战，研究人员正在开发各种保护和稳定化策略，如使用固定化技术或合成生物学方法来增强生物元件的环境稳定性。生物传感器的大规模应用还面临着成本和易用性的挑战。开发低成本、易操作和易维护的生物传感器是推广这一生物传感器的关键。这需要研究人员具备创新的设计理念和生产方法，以及简化的操作流程，使生物传感器不仅在实验室环境中有效，还能在实际应用中轻松地部署和使用。

3.2.5　生物传感器在特定水质监测应用中的角色

生物传感器在特定水质监测应用中展示独特的能力，尤其是在监测特定污染物和评估生态系统健康方面。生物传感器的高度专一性和灵敏度使它们成为检测水体中微量污染物和生物标志物的理想工具。本部分将深入探讨生物传感器在这些特定应用中的角色，以及它们如何提供关于水质状况和生态健康的关键信息。

在监测特定污染物方面，生物传感器能够检测一系列有毒化学物质，包括重金属、有机污染物和农药。例如，某些生物传感器利用微生物或酶与特定污染物的相互作用来产生可量化的信号。这些传感器可以在污染刚开始时就检测到微量的有害物质，从而提供及时的警告，避免潜在的环境和健康危害。

在评估生态系统的健康状况方面，生物传感器通过监测水体中的生物标志物来揭示生态系统的健康状态。例如，某些生物传感器可以检测特定类型的微生物或微生物的代谢产物，这些生物标志物可以指示水体的营养水平或污染程度。通过监测特定酶的活性，生物传感器可以提供关于生态系统压力和污染影响的信息。

生物传感器在城市水体和工业废水处理中的应用同样重要。在这些应用中，生物传感器用于监测可能对人类健康造成威胁的污染物，如致病性微生物和有毒化学物质。这些监测数据对于优化水处理工艺和确保水质安全至关重要。生物传感器的应用还扩展到了农业用水监测。在这一领域，生物传感器可用于检测水中的肥料残留和农药残留，帮助农业生产者优化灌溉和肥料使用，减少对环境的影响。生物传感器是特定水质监测应用中的强大工具，能够对水体中的微量污染物和生物标志物进行精确检测。基于这些先进的监测手段，人们可以更好地理解和管理水资源，保护环境和公众健康。

3.2.6　生物传感器在实时和连续水质监测中的应用及其影响

生物传感器在实现水质监测的实时性和连续性方面扮演着关键角色。随着技术的发展，这些传感器不仅能够提供精确的监测数据，还能实时更新，从而为即时的环境决策提供支持。本部分将探讨生物传感器在实时和连续监测中的应用，以及这种监测方式对水质变化的响应和管理的影响。

生物传感器的一个显著优势是能够提供连续的监测数据，这对于捕捉水质的快速变化至关重要。例如，在工业排放或城市污水处理过程中，生物传感器能够持续监测水中特定化学物质的浓度，实时检测污染物的释放。这种连续监测不仅有助于早期识别污染事件，还能为更精准地追踪污染源和评估环境影响提供足够的数据支持。

在实时监测方面，生物传感器的应用极大地提升了决策者对水质变化的响应速度。基于生物传感器即时反馈的监测数据，决策者可以快速做出响应，如调整水处理工艺或采取紧急措施以避免环境危机。例如，当生物传感器检测到水体中有害物质的浓度升高时，决策者可以立即启动应急计划，减少环境污染和对健康的危害。

Ayankojo 等推出了一种传感器系统，能够检测水溶液中的药物污染。[①] 他们选择了阿莫西林作为模型分析物，并在表面等离子体共振换能

---

① Ayankojo A G，Reut J，Öpik A，et al. Hybrid molecularly imprinted polymer for amoxicillin detection[J]. Biosensors and Bioelectronics，2018，118：102-107.

器的金属表面上实现了由有机和无机成分组成的混合 MIP。以甲基丙烯酰胺为有机单体，乙烯基三甲氧基硅烷为无机偶联剂，采用溶胶－凝胶法制备杂化 MIP 膜。溶胶－凝胶具有较高的多孔结构，识别位点的形成也较为有序。这提高了生物传感器的灵敏度，减少了生物传感器的响应时间。阿莫西林 MIP 在磷酸缓冲盐溶液和自来水中的再结合实验显示，与非印迹聚合物（non-imprinted polymer, NIP）相比，印迹因子为 16，检测限为 73 pmol/L。MIP 几乎只对其目标分析物有反应，因此显示出最大的特异性。同年，有学者还开发了一种用于检测氯霉素的传感器，氯霉素是一种渔业上常用的抗生素。相应的 MIP 被电聚合在丝网打印的碳电极上。

生物传感器的连续监测能力还为人们理解环境和生态过程提供了新的视角。在自然水体（如河流、湖泊和海洋）中，持续的监测可以揭示水质变化的季节性模式、天气事件的影响，以及人类活动的长期效应。这些信息对于制定有效的水资源管理策略和环境保护措施至关重要。

实时和连续监测的挑战之一是确保传感器的稳定性和数据的准确性。持续的环境暴露可能影响传感器的性能，因此定期的维护和校准是必要的。数据管理系统必须能够处理大量实时数据，并确保数据的可靠存储和分析。

3.2.7 未来生物传感器的发展趋势与创新

生物传感器在在线高频水质监测领域的发展前景是广阔的。生物传感器未来的研究和创新将可能集中在提高灵敏度、扩展检测范围、增强稳定性和降低成本等方面。这些进步不仅能够提高在线高频水质监测的精准度和效率，还有望开拓生物传感器在在线高频水质监测以外领域的新应用。本部分将探讨生物传感器未来的发展趋势和创新方向，以及这些进步如何改变人们对水质监测和环境保护的理解和实践。

一个重要的发展方向是利用纳米技术和材料科学来增强生物传感器的性能。将纳米材料（如纳米粒子、纳米管或石墨烯）与生物识别元件结合，可以显著提高传感器对目标物质的灵敏度和选择性。纳米材料的使用还有望提高生物传感器在恶劣环境条件下的稳定性和耐久性，从而扩大它们在现场监测中的应用范围。

在生物工程和合成生物学方面的进步也将为生物传感器带来新的发展机遇。例如，通过结合基因编辑技术，科学家可以设计和优化微生物或细胞的生物识别能力，使其能够检测更广泛的化学物质或生物标志物。再如，工程化的微生物可以被用来检测特定类型的污染物或病原体，提供更快速和准确的监测结果。生物传感器与信息技术的融合是一个值得关注的趋势。物联网和大数据技术的发展，使生物传感器可以被集成到更广泛的监测网络中，实现远程监测和数据实时传输。这些技术的融合将使在线高频水质监测更加智能化和自动化，提高数据收集和分析的效率。

简化生物传感器的设计和生产过程，可以使其更易大规模生产和广泛应用。开发便携式和用户友好的生物传感器设备将使现场监测更加便捷，为非专业人员提供了实施水质监测的能力。生物传感器未来的发展有望在灵敏度、稳定性、成本和应用范围等方面实现重大突破。这些创新不仅将推动在线高频水质监测技术的进步，还有可能为人们提供更深入的环境洞察和更有效的水资源管理策略。

3.3　自动化化学分析系统的构建

3.3.1　自动化化学分析系统的基本构成和作用

在在线高频水质监测中，自动化化学分析系统的构建是提高监测效率和数据准确性的关键。① 这些系统整合了先进的化学分析技术和自动化控制技术，能够持续、准确地监测水体中的化学成分。本部分将探讨自动化化学分析系统的基本构成、作用，以及它们在在线高频水质监测中的重要性。

---

① 岳超，宛西原，何航，等 . 基于电化学检测方法的水质检测系统设计研究 [J].
自动化与仪器仪表，2015（1）：4-7.

　　自动化化学分析系统通常包括几个核心组件：传感器、采样装置、分析仪器、数据处理单元和控制软件。这些系统的设计目的是实现对水体中化学物质（如氮、磷）、重金属、有机物和其他污染指标的持续监测。传感器的作用是实时检测水体中特定化学物质的浓度。采样装置确保从监测点持续获取水样。分析仪器用于对采集的水样进行详细的化学分析。在这些系统中，数据处理单元和控制软件的作用至关重要。它们不仅负责收集和存储传感器和分析仪器的数据，还能对这些数据进行初步处理和分析。通过使用先进的数据处理算法和模型，这些系统能够从复杂的数据中提取有用的信息，如水质变化趋势和潜在的环境风险。自动化化学分析系统的核心组件如图 3-5 所示。

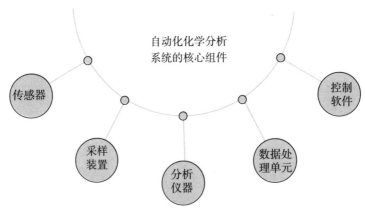

图 3-5　自动化化学分析系统的核心组件

　　自动化化学分析系统的一个主要优势是能够提供连续的、实时的水质监测数据。这与传统的离散采样和实验室分析方法相比，不仅大大提高了监测效率，还降低了人为错误和数据延迟的可能性。这对于及时响应水质变化事件，如污染事故或富营养化过程，至关重要。这些系统的自动化特性还意味着可以减少人力投入和操作成本。根据预设的程序和参数，自动化化学分析系统可以在无须人工干预的情况下持续运行，实现 24 h 不间断地监测。这对于需要在偏远或恶劣环境中进行长期水质监测的项目意义重大。

3.3.2　自动化化学分析系统的关键技术与创新

自动化化学分析系统采用的先进技术和创新方法共同提高了在线高频水质监测的准确性和效率。从高灵敏度的传感器到智能化的数据处理策略，每个组成部分都至关重要。

传感器技术的进步是自动化化学分析系统的基石。现代传感器能够检测从微量营养物质到复杂有机污染物的各类成分。例如，光谱分析传感器和电化学传感器在监测水体中的溶解氧、pH、氮磷等指标方面展示了极高的灵敏度和准确性。这些传感器的技术进步，如微型化、低能耗和高稳定性，使它们能够在各种环境条件下长时间稳定运行。

自动采样技术的发展也对提高自动化化学分析系统的效率起到了关键作用。现代自动采样装置能够在预定的时间间隔或特定环境触发条件下收集水样，保证了数据的连续性和代表性。不仅如此，一些采样装置还集成了初步处理功能，如过滤和稳定水样，为后续的化学分析提供了可靠的样品。在数据处理方面，智能化策略和算法的应用极大地提升了分析的效率和精确度。利用机器学习和大数据分析技术，自动化化学分析系统可以从大量复杂数据中提取关键信息，快速识别水质异常或变化趋势。这些高级数据处理方法不仅加快了信息提取的速度，还提高了监测数据的可靠性和实用性。

自动化化学分析系统的创新还包括系统集成和远程控制技术。将传感器、采样装置和分析仪器集成为一个统一的系统，可以提高操作的便捷性和监测的协同性。远程控制和监测技术使运营人员可以在中心实验室甚至远程位置监控整个系统的运行状态，及时调整参数和响应潜在问题。自动化化学分析系统的关键技术与创新共同构成了在线高频水质监测的基础。通过对这些技术的整合应用，自动化化学分析系统不仅在提高监测的准确性和效率方面发挥着重要作用，还为水资源管理和环境保护提供了强有力的技术支持。

3.3.3 自动化化学分析系统的实际应用挑战与解决策略

虽然自动化化学分析系统为在线高频水质监测提供了高效和准确的手段，但在实际应用中，这些系统面临着一系列挑战。这些挑战包括确保系统在长期运行中的稳定性和可靠性、处理复杂环境条件下的监测问题，以及维护和校准的需求。本部分将探讨这些挑战及其解决策略，以及如何确保自动化化学分析系统在各种应用场景中的有效运行。一个主要挑战是确保系统在长期运行中的稳定性和可靠性。环境因素，如温度变化、水质波动和机械磨损都可能影响传感器和分析设备的性能。解决这一环境因素对在线高频水质监测的影响的关键在于使用高质量和耐用的设备，并定期进行维护和校准。采用先进的故障检测技术，如实时性能监控和远程故障诊断技术，可以及时发现并解决问题，避免长时间的数据中断。

在积雪覆盖的山区流域建立和维护传感器网络稳定运行所面对的挑战更加复杂。在陡峭的通道中，流量数据质量受到湍流条件的限制，这可能会导致高频时间变化，需要在后期处理中对数据进行平滑处理。在高流量时期，溪流里的水流变化和木质碎屑可能会导致仪器出问题，甚至丢失数据，因为水流可能会改变沟道的形状。冬季结冰的环境会产生异常的高压读数，需要进行校正。因为春季是溶质输出的关键时期，所以需要在秋季安装传感器，以度过冬季。但是，如果气温低于零度，传感器就可能会被冻结。如果缺乏遥测技术，无效或丢失的数据往往直到夏季在可以安全接入传感器时才会被发现，这样的话，一些重要的信息就可能会被错过。而在陆地上部署的传感器网络，如沿着河流两边山坡部署的传感器网络，也面临着一系列独特的挑战。一个具体的例子是由于啮齿动物的活动造成的传感器和电缆的损坏。围栏等防护措施虽然可以在一定程度上减轻损害，但完全避免损害的情况很少。另一个可能发生的问题是在冬季时发生的电力中断，这时到现场进行电池更换可能具有挑战性，或当太阳能电池板被埋在雪下时，想要进行清理也可能会面临挑战。在整个冬季，相关设备都需要供电，在寒冷的冬季，数据传输会消耗异常高的功率，导致板载电池耗尽得更快，以至于可能会丢失数据或导致出现错误的数据。

在处理复杂环境条件下的监测问题方面，自动化化学分析系统需要能够适应各种水质和环境条件。这要求自动化化学分析系统具备一定的灵活性和适应性，如能够调整采样频率和分析参数以适应快速变化的水质条件。在极端环境中，如高盐度或低温区域，特殊设计的传感器和保护措施是确保数据准确性和设备稳定性的关键。自动化化学分析系统的维护和校准也是确保准确监测的重要方面。由于环境条件和长期使用可能导致传感器性能的偏移，定期校准是必不可少的。采用自校准和自清洁技术的传感器可以减少维护需求，提高系统的操作效率。开发用户友好的维护指南和协议可以帮助操作人员有效执行维护任务，确保系统的长期稳定运行。

在应对这些挑战的过程中，跨学科的合作和专业知识的整合至关重要。在线高频水质监测的复杂性要求化学分析、环境科学和工程技术的紧密合作。通过结合这些领域的专业知识，人们可以更有效地设计、优化和维护自动化化学分析系统，确保它们在各种条件下的有效运行。虽然自动化化学分析系统面临着多种挑战，但通过采用高质量的设备，进行定期维护和校准等，以及跨学科的合作，这些挑战可以得到有效应对。

3.3.4　自动化化学分析系统中的数据管理与分析技术

在自动化化学分析系统中，数据管理和分析技术是提高数据质量和可用性的核心。这些技术不仅能够高效地处理和存储大量监测数据，还提供了深入解读数据的能力，从而有助于提高水质管理决策的有效性。本部分将探讨自动化化学分析系统中的数据管理和分析技术，以及这些技术如何处理和应用监测数据。

数据管理技术的核心在于确保监测数据的准确记录、安全存储和易于访问。在现代自动化化学分析系统中，数据管理通常涉及使用高级数据库系统，这些系统不仅能够处理大量数据，还能保护数据不受损坏或丢失。例如，云数据库技术允许数据被远程存储和访问，提供了更大的灵活性和可扩展性。通过利用统计分析、机器学习和人工智能算法，自动化化学分析系统可以从复杂的水质数据中识别模式、趋势和异常。例如，时间序列分析可以揭示水质参数的长期变化趋势，而预测模型能预测未来的水质变化，为及时采取管理措施提供依据。

在复杂数据集的处理方面，高级数据分析技术能够处理和解读多参数和多维度的数据。这包括集成化学、物理和生物学参数的综合分析，从而更全面地评估水质。例如，通过分析化学成分与生物指标之间的关系，人们可以更深入地理解水体的生态状态和寻找污染源。

随着大数据分析技术的发展，数据分析的范围和深度也在不断扩大。通过集成更多来源的数据，如卫星遥感数据和地理信息系统数据，自动化化学分析系统能够提供更多的水质监测视角。这种整合分析不仅增强了对局部水质变化的理解，还有助于了解区域乃至全球水环境状况。自动化化学分析系统中的数据管理和分析技术是实现高效、准确和深入水质监测的关键。

3.3.5 自动化化学分析系统的未来发展

随着技术的不断进步和环境监测需求的日益增长，自动化化学分析系统的未来发展将集中在技术创新、系统集成和智能化水质管理上。这些发展不仅将提升水质监测的效率和准确性，还将为水资源管理提供更加全面和先进的解决方案。

自动化化学分析系统的发展需要解决数据采集、存储、管理、质量保证、质量控制、集成和发布等方面可能出现的各种问题。在自然环境中，部署和利用传感器网络的科学研究项目需要预测和计划克服其中的一些挑战，并综合考虑现场数据系统。采用整体的协同设计方法将优化解决方案所需的资源，包括改善现场物流和采样程序、创建数据处理和软件工具，以及最终更好地将数据与模型集成的方法。为了更容易地使用布放在监测环境中的传感器获得的数据，人们需要在不同的观测平台上简化和扩展这些系统。

技术创新是推动自动化化学分析系统发展的主要驱动力。未来的技术创新可能包括更先进的传感器技术，如利用纳米材料和生物工程技术增强传感器的灵敏度和特异性。新兴的数据传输技术，如第五代移动通信技术和物联网技术，将使数据收集和传输更迅速和高效。这些技术的发展将使在线高频水质监测更加实时和准确，能够快速响应环境变化和污染事件。

　　系统集成是实现高效监测的另一个关键发展方向。将化学分析设备、数据处理单元和远程控制系统集成为一个统一的平台，可以提高系统的协同性和操作便捷性。这种集成化的系统不仅简化了监测流程，还提高了数据的一致性和可靠性。未来，自动化化学分析系统集成可能进一步扩展，包括与遥感技术、地理信息系统和其他环境监测工具的集成，为水质管理提供更全面的视角。

　　智能化水质管理是自动化化学分析系统未来发展的另一个重要趋势。随着人工智能和机器学习技术的发展，自动化化学分析系统将能够更智能地处理和分析监测数据。这包括使用预测模型预测水质变化趋势，以及利用自动化决策支持系统指导水处理和管理措施。这种智能化水质管理不仅提高了决策的效率和准确性，还为适应复杂变化的环境条件提供了强有力的工具。

3.4　化学监测数据的高级整合技术

3.4.1　数据采集

　　在过去的几十年里，用于测量流域过程的传感器和环境观测仪的使用量激增。传感器可以显著改善数据收集状况，例如，通过将时间分辨率提高到每小时以下或更大的时间尺度，能够做到在偏远地点或现场无法访问的恶劣时期进行数据收集，以快速响应的方式向用户发出异常或其他诊断性情况的警报，并减少收集测量数据所需的人工工作量和时间。现在，成千上万的传感器被用于大型网络，包括美国地质调查局（USGS）的流网络①、国家生态观测网，这些网络观察关键的流域参数，如河流流量、地表和地下水水位、水质（温度、pH、溶解氧、电导率）以及碳、水和能量的通量。新型的光学传感器能够测量硝酸盐、磷酸盐和溶解有机质等溶质，使得我们能够更准确地评估水生生态系统的健康状况，并研究生物地球化学的动力学过程。

传感器数据的存储和管理需要考虑生成的数据量、仪器的异构性、数据类型和格式的多样性、与外部数据联合或与其他数据库互操作的需要，以及数据使用的需求。当来自多个机构和具有不同科学背景的研究人员通过各种传感器和数据采集基础设施收集数据时，数据管理可能特别困难，这通常发生在许多研究项目中。

3.4.2 数据整合面临的挑战

在人员、组织、抽样偏好、设备和数据类型方面，人们对数据管理和归档提出了许多挑战。首先，由于一些原因，如新的传感器安装或仪器搬迁，人们很难将传感器的网络也进行搬迁。其次，关于传感器特性（如仪器类型、观测足迹）、维护（如校准时间和程序、更换）和事件细节（如安装规格、故障模式）的文档和元数据成为一项时间和资源密集型任务。最后，跨研究小组使用不同的传感器仪器和数据采集硬件系统，使创建一个通用的工作流将数据传输到数据库，并在不同传感器类型之间比较数据具有挑战性。即使是来自同一供应商的传感器，安装的差异会导致不同的响应。每一种故障都有其独特的故障模式，如数据记录器断电或无线连接丢失，可能导致数据采集或传输中断。由于需要将来自其他组织的数据联合到数据库中，因此还会出现其他挑战。这需要协调不同提供者之间在元数据报告、变量名、时区和数据格式方面的差异。

---

① 佚名. 美国地质调查局（USGS）简介 [J]. 地质与勘探，2003（4）：95-96.

3.4.3　进行数据整合的三种方法

数据整合需要将数据从原生格式重新组织为通用的、抽象的格式，以创建合成产品。

通过多方面的努力，研究人员总结了进行数据整合的三种方法。第一，研究人员需要管理和存储关于永久基础设施的详细元数据信息，包括传感器位置、传感器类型和有关安装的其他详细信息。在某些情况下，这些资料并不容易获得，特别是从外部来源获得的公共数据。第二，研究人员需要为每个采样点使用独特的项目标志符来标识位置，并通过映射到一个控制词汇表来同质化变量名，该词汇表覆盖监测系统每一部分使用的数据类型的范围。这有助于缓解由位置或变量名使用不一致而可能引起的问题。第三，研究人员需要使用标准的数量、单位、尺寸和类型，把所有数据都存储在一个可查询的数据库中，该数据库遵循观察数据模型的修改版本，该版本支持异构环境数据类型的存储。这样，所有数据都可以通过具有基于令牌的授权的应用程序接口获得。

第 4 章　在线高频水质监测中的物理检测新方法

在线高频水质监测的物理检测方法是评估和管理水资源质量的关键环节。这些技术的发展旨在提高监测精度、扩大监测范围，并适应不断变化的环境需求。物理检测方法通常包括测量水的物理性质，如温度、流速、浊度和电导率等。

4.1　物理监测技术

4.1.1　物理监测技术的进展与应用

在现代环境监测领域，物理监测技术正在不断发展，并在在线高频水质监测的实践中发挥着越来越重要的作用。这些技术的进步不仅体现在提高监测的准确性和效率上，还包括对新型污染物的检测能力和对复杂环境变化的适应性。本节深入探讨这些物理监测技术的最新进展及其在实际应用中的表现。

物理监测技术主要涉及对水体中各种物理参数的测量，如温度、流速、浊度、电导率。近年来，这些技术的创新主要集中在提高传感器的灵敏度、扩大监测范围，以及增强数据处理能力上。例如，某新型浊度传感器可以更准确地检测水体中悬浮颗粒的微小变化，这对于评估水体的悬浮物含量和水质清澈度至关重要。一研究机构对水体进行了浊度监测，其中电压绝对值随浊度变化的曲线如图 4-1 所示。

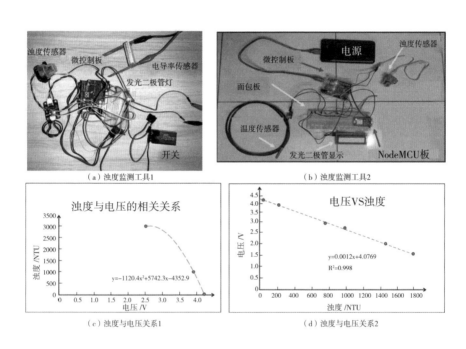

（a）浊度监测工具1　　　　　　　（b）浊度监测工具2

（c）浊度与电压关系1　　　　　　（d）浊度与电压关系2

图 4-1　浊度监测工具及电压与浊度关系图

　　利用微波频率的电磁波进行传感是一种具有商业化潜力的研究方法。这种新型的传感方法有几个优点，包括非侵入性、非破坏性、当电磁波与被测材料接触时的即时响应、低成本和低功率。微波光谱技术为保证水资源的持续监测和截取水质的意外变化提供了可能。

　　在过去的 30 年里，微波光谱在液体传感中的应用得到了广泛的研究。水样传感结构直接接触，并使用矢量网络分析仪进行实时测量。电磁波场与被测样品的相互作用具有独特的方式，这是由于水分子和水样中其他化合物的极化，产生特定的反射或传输信号。特定频率下的光谱响应取决于测试材料的电导率和介电常数。

物理监测技术的另一个重要进展是数据的集成和分析能力。将物理监测数据与化学和生物监测数据结合，可以对水质状况进行更全面的评估。例如，流速和流向的数据可以帮助确定污染物的来源和传播路径，而温度数据对理解水体中生物化学过程至关重要。

在实际应用中，这些物理监测技术已经开始发挥作用。在城市排水系统的监测中，物理监测技术可以实时监测雨水径流的流量和速度。管理者可以更有效地控制洪水风险并优化排水设施的运行。在农业灌溉中，物理监测技术可以监测土壤的水分和温度。农民可以更精确地控制灌溉量，提高水资源的利用效率。

4.1.2 物理监测技术在特定监测场景中的应用

物理监测技术在特定的环境监测场景中的应用，如水库和湖泊的水质监测、城市排水系统的管理以及河流的生态监测，展示了其对环境管理的重要贡献。这些技术提供了反映水体物理状况的直接数据，将这些数据与其他类型的监测数据相结合，可为环境管理者提供更全面的信息和深入的洞察。

例如，在电解质溶液中进行阻抗测量时，传感器的特性在 1 nmol/L ～ 100 μmol/L 呈线性，检测限用 LoD 表示，LoD = 0.260 nmol/L；方波仪安法具有相似的特性，且 LoD =0.653 nmol/L。在鱼缸中的水中，传感器的响应线性下降到 1 nmol/L，阻抗和方波仪安法测量的 LoD 分别为 0.54 nmol/L 和 0.029 nmol/L。这些结果表明，从标准溶液切换到真实的水样对传感器的响应没有显著影响。

在水库和湖泊的水质监测中，物理监测技术用于跟踪和评估水体的温度分层、流动模式和浊度变化。例如，通过持续监测湖泊的温度分层，科学家和管理者可以了解水体内部的氧气循环和生态动态，这对于评估水体健康状况和制定保护措施至关重要。Li 等分析了大龙洞水库的水温分层，

如图 4-2 所示。^①

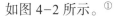

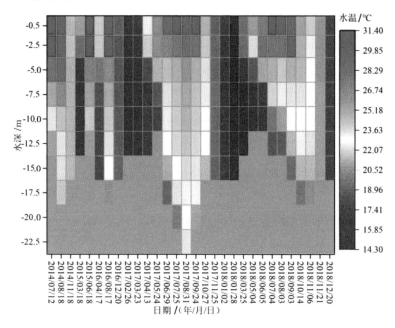

图 4-2　大龙洞水库水温分层

基于 MIP 和多壁碳纳米管组合的修饰碳糊电极，制备了一种用于检测杀虫剂二嗪农的电化学传感器。他们使用多壁碳纳米管提高了电导率，而 MIP 对模板分子提供了必要的灵敏度。在优化电极组成后，该方法首次在标准水溶液中得到验证。方波伏安法测量显示，MIP 显示了比参考物 NIP 更高的亲和力分析；该体系在 $5 \times 10^{-10} \sim 1 \times 10^{-6}\,\text{mol/L}$ 具有良好的线性性能，LoD 为 $1.3 \times 10^{-10}\,\text{mol/L}$。此外，NIP 对分析物的选择性比其他测试物质（离子和其他农药）要高得多。为了研究该系统对真实生物和水样的适用性，他们将不同数量的二嗪农添加到尿液、自来水和河水中。在所有这些情况下，传感器检测到的目标分析物具有高回收率（>92%）。这项

① Li J H, Pu J B, Zhang T. Transport and transformation of dissolved inorganic carbon in a subtropical groundwater-fed reservoir, south China[J]. Water Research, 2022, 209: 117905.

工作演示了在真实的样品和环境中使用基于 MIP 的传感器，不需要特殊的样品预处理或富集步骤。

这些应用的成功在很大程度上依赖跨学科的数据整合。物理监测数据与化学、生物学和地质学等领域的数据相结合，为环境管理提供了一个全面的视角。例如，在湖泊管理中，将物理数据（如温度和流速）与化学数据（如氮、磷的浓度）和生物学数据（如藻类和鱼类的种群动态）结合，可以更全面地评估湖泊的营养状态和生物多样性。

4.1.3　物理监测技术在特定环境中的应用实例

物理监测技术在特定环境中的应用实例展示了其在解决复杂环境问题上的实际效能。从城市洪水管理到农业水资源的有效利用，再到自然生态系统的保护，物理监测技术为这些应用提供了精确、可靠的数据支持和解决方案。

在城市洪水管理中，物理监测技术（如水位传感器和流速计）被广泛用于监测降雨和河流水位。这些数据对于预测洪水风险、优化城市排水系统以及制订紧急疏散计划至关重要。例如，在洪水季节，实时监测河流水位的变化可以帮助城市管理者及时启动防洪措施，从而减少洪水带来的损失和影响。

在农业领域，物理监测技术（如土壤湿度传感器和温度计）被用于监测农作物生长环境和优化灌溉。例如，一种基于 MIP 的石英晶体微天平传感器用于测量克百威（Carbofuran, CBF）和丙溴磷（Profenofos, PFF）。这个传感器使用了双电极系统，将其中一个电极对作为参考，另外一个电极覆盖 NIP 涂层。这样做具有在相同条件下同时测量 MIP 和 NIP 的优势。MIP 和 NIP 涂层石英晶体微天平的频率测量如图 4-3 所示。

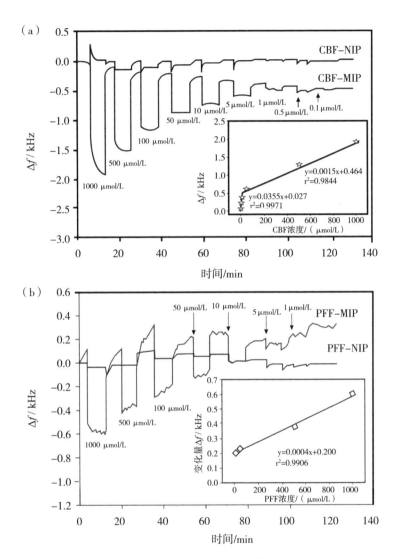

图 4-3　在不同分析物浓度下，MIP 和 NIP 涂层石英晶体微天平 CBF（a）和 PFF（b）的频率测量

　　有人采用微波分析、光学测量和阻抗测量相结合的传感器方法，在不同频率（分别为 8.7 GHz 和 1.8 GHz）下对测定泰乐菌素和林可霉素的灵敏度进行了测定，如图 4-4 所示。他们所选平面微波传感器能够检测到地表水和地下水中普遍存在的林可霉素（0.20 μg/L）和泰乐菌素（0.25 μg/L）的浓度。

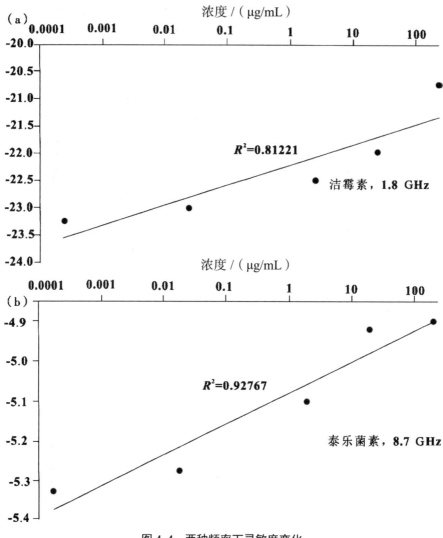

图 4-4　两种频率下灵敏度变化

　　尽管物理监测技术在这些应用中展现了巨大的潜力，但面临诸如设备的耐用性、数据的准确性以及对复杂环境的适应性等挑战，持续的技术创新和跨学科合作是必不可少的。例如，更先进的传感器和数据分析工具的开发，可以提高监测数据的精确度和可靠性，从而更有效地应对环境挑战。而这些技术的应用，让人们可以更准确地理解和应对复杂的环境问题。

4.1.4　物理监测技术在未来全球环境监测与管理中的应用

物理监测技术在未来全球环境监测与管理中的应用非常重要。这些技术将在监测全球气候变化对水资源和生态系统的影响、支持国际环境保护计划以及推动全球水资源可持续管理中发挥关键作用。基于先进的物理监测技术，人们可以更有效地应对环境变化，保护生态系统，以及确保水资源的长期可持续利用。

全球气候变化对水资源和生态系统产生了深远的影响。物理监测技术对监测这些影响具有重要作用。例如，通过监测海平面上升、冰川融化以及全球气温变化，人们可以更好地理解和应对气候变化带来的挑战。这些数据对于科学研究、政策制定都至关重要。

在国际环境保护计划中，物理监测技术有助于评估和监督环境保护措施的实施效果。通过跨国界的监测网络，国际组织和政府可以共享关键的环境数据，制定更有针对性的保护措施，并有效监控环境保护计划的进展。例如，在国际水资源管理中，共享跨界河流的流量和水质数据对于保障各国的水安全和推动区域合作至关重要。

物理监测技术对于全球水资源的可持续管理同样重要。全球范围内水资源的有效管理和合理分配变得越来越重要。通过监测全球水循环的关键组成部分，如河流流量、湖泊水位和地下水资源，人们可以更好地理解水资源的分布、利用和变化趋势，从而制定更有效的水资源管理策略。在全球环境监测与管理中，物理监测技术面临的挑战包括技术的标准化、数据的共享与交流，以及跨国界和跨学科合作的加强。物理监测技术未来的发展方向包括利用卫星遥感技术、无人机监测以及物联网技术来扩大监测范围和提高数据的实时性。通过利用大数据分析和人工智能技术处理和解析这些大规模的环境数据，物理监测技术将对理解和应对全球环境问题产生重要影响。

物理监测技术在未来全球环境监测与管理中的应用展示了其在应对全球性环境挑战中的重要潜力。这些技术不仅可以让人们更有效地监测和应对环境变化，还可以促进全球环境保护和可持续发展的目标。随着技术的不断进步和国际合作的加强，物理监测技术将在全球环境治理中发挥越来越重要的作用。

4.2 物理传感器技术的应用与前景

4.2.1 物理传感器技术在现代水质监测中的发展与应用

在当代水质监测中，物理传感器技术的发展扮演着关键角色。这些技术的发展不仅提高了监测精度和效率，还极大地拓宽了监测范围和应用领域。在水质监测中，物理传感器技术主要用于测量一系列关键参数，包括水体温度、流速、浊度、电导率等，这些参数对于准确评估水质状况至关重要。电导率传感器的实物图片如图 4-5 所示。

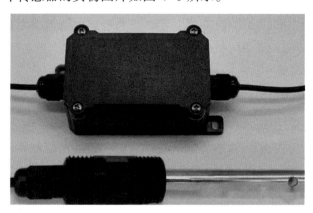

图 4-5　电导率传感器

物理传感器技术的最新发展包括提高传感器的灵敏度、增强其对环境变化的适应性，以及改进数据传输和分析方法。例如，新一代温度传感器能够更准确地测量水体温度，即使在极端气候条件下也能保持稳定性。同时，流速传感器的创新使其能够在各种水流条件下提供精确的测量数据。

温度传感器和流速传感器的实物分别如图 4-6、图 4-7 所示。

图 4-6　温度传感器

图 4-7　流速传感器

　　在复杂的水质监测场景中，如城市水体和工业排放区域，物理传感器技术的应用尤为重要。这些区域的水体经常受到多种污染源的影响，因此准确监测物理参数对于识别污染源和评估污染程度至关重要。例如，流速传感器可以帮助确定污染物在水体中的扩散速度和方向，而浊度传感器能够评估水体中悬浮颗粒物的浓度。

　　技术发展对水质监测带来的影响包括提高监测数据的可靠性和准确性、降低设备维护成本，以及提升数据处理的效率。这些发展使在线高频水质监测更加高效和可靠，为水质管理提供了有力的数据支持。基于无线通信和物联网技术的发展，物理传感器已经可以实时传输监测数据，为水质管理决策提供即时信息。

4.2.2 物理传感器技术在特定水质监测项目中的深度应用

物理传感器技术在特定水质监测项目中的应用展现了其在环境管理和保护方面的重要作用。这些技术在多种监测项目中发挥着关键作用，包括河流和湖泊的生态监测、工业废水监测，以及城市水质管理。通过精确测量水体的物理参数，这些传感器帮助科学家和环境管理者更好地理解水体状况，制定有效的管理和保护策略。

在河流和湖泊的生态监测中，物理传感器技术用于测量水温、流速、水位和浊度等关键参数。这些数据对于了解河流和湖泊的生态状况至关重要。例如，水温的变化可以影响水生生物的生长和繁殖，而流速和水位的变化直接关系到河流的沉积物运动和营养物质的循环。通过持续监测这些参数，科学家可以评估河流和湖泊的健康状况、监测污染事件，以及制订恢复和保护措施。

在工业废水处理监测中，物理传感器技术用于监测废水处理过程中的关键物理参数，如电导率和温度。对这些参数的实时监测对于确保废水处理过程的效率和确保处理后的废水符合排放标准至关重要。精确的监测可以让企业优化处理流程，减少污染物排放，同时确保废水处理设施的有效运行。

在城市水质管理中，物理传感器技术用于监测自来水和污水处理系统中的关键参数。例如，Banna 等研究了一种微型装置，将 pH 计和电导计结合在一起，用于评估饮用水质量。[①] 该装置在不同流速的水流中进行了 30 d 的测试。实验结果表明，该装置在上述条件下工作稳定。虽然 pH

---

① Banna M H，Najjaran H，Sadiq R，et al. Miniaturized water quality monitoring pH and conductivity sensors[J]. Sensors and Actuators B：Chemical，2014，193：434-441.

和电导率是重要的水质参数，但仅用这两个参数对水质进行评价显然是不够的。

物理传感器技术在这些应用中提供了实时、连续和精确的监测数据，这对管理者快速响应环境变化和制定有效的管理策略至关重要。这些技术在应用中也面临诸如环境适应性、数据处理能力和长期稳定性的挑战。因此，持续的技术创新和改进对于满足复杂环境监测的需求至关重要。通过应用这些技术，人们可以更准确地监测和管理水资源，保护水域生态系统，并确保水质的安全。

4.2.3　物理传感器技术在广泛环境监测领域的潜在应用

物理传感器技术在广泛环境监测领域的潜在应用体现了这些技术在综合环境管理和保护策略中的重要作用。由于环境挑战的多样化和复杂化，物理传感器技术被应用于更多领域，如农业水资源管理、城市防洪规划，以及气候变化对水资源影响的评估。

在农业水资源管理中，物理传感器技术用于监测土壤湿度、灌溉水的流量和温度等关键参数。这些数据对于优化灌溉计划、提高水资源利用效率，以及减少农业活动对水体的负面影响非常重要。例如，通过实时监测土壤的水分状况，农民可以精确控制灌溉的时间和量，从而节约水资源并提高农作物产量。

在城市防洪规划中，物理传感器技术（如流速计和水位计）被用于监测城市河流和排水系统的水位变化。这些信息对于预测和管理洪水风险至关重要。例如，通过实时监测雨季河流的水位和流速，城市管理者可以及时采取防洪措施，如启动应急排水设施和发布洪水警报。

随着气候变化对全球水循环影响的日益显著，物理传感器技术在评估气候变化对水资源的影响方面扮演着越来越重要的角色。物理传感器技术可以监测降水模式、河流流量和水库水位等参数的长期变化。科学家可以通过这些参数来评估气候变化对水资源可用性和水质的影响。这些参数为管理人员制定适应气候变化的水资源管理策略提供数据支持。

物理传感器技术尽管在这些广泛应用中显示巨大潜力，但仍面临技术挑战，如提高传感器的精度和可靠性、适应极端环境条件，以及处理和分析大量数据。因此，更高效的数据分析算法的开发和物理传感器耐用性的提升，对于满足广泛环境监测需求至关重要。

4.2.4 物理传感器技术在未来环境监测与资源管理中的应用前景

物理传感器技术在未来环境监测与资源管理中的应用前景显得尤为重要和广阔。随着技术的不断发展和环境挑战的加剧，这些传感器技术将在提高监测效率、优化资源管理，以及支持环境保护政策的制定和执行中，发挥更加关键的作用。这些技术的进步将促进更智能、更自动化的环境监测系统的发展，为应对全球环境问题提供更强大的工具。

物理传感器技术的未来发展将聚焦提高传感器的灵敏度、增强其耐用性和可靠性，以及提升数据传输和分析的效率。新一代物理传感器将更加集成化和智能化，能够在更广泛的环境条件下工作，并实时传输更多维度的数据。例如，将物理传感器技术与无线通信技术、人工智能和大数据分析相结合，可以实现更全面和动态的环境监测。在未来的资源管理中，物理传感器技术将在水资源分配、污染控制和生态保护等方面发挥更大的作用。例如，在水资源分配中，实时监测河流的流速和水位可以帮助管理者更有效地调配水资源，优化灌溉和供水计划。在污染控制方面，监测工业排放和城市排水的物理参数可以及时发现和处理污染问题，减少对环境的影响。

物理传感器技术在支持环境保护政策的制定和执行方面将发挥重要作用。通过提供准确的环境监测数据，这些技术可以帮助政策制定者更好地理解环境问题的本质，制定更有效的环境保护政策和法规。环境监测数据还可以用于评估环境保护政策的实施效果，指导政策的调整和优化。物理传感器技术在未来环境监测与资源管理中的应用前景显示了其在全面应对环境挑战和支持可持续发展目标中的重要潜力。通过利用物理传感器技术，人们可以更有效地监测环境变化。

4.3　物理监测技术的高效应用

4.3.1　物理监测技术在物理监测数据的高效处理中的作用

在现代水质监测中，物理监测技术主要包括流速计、浊度计和温度传感器，这些传感器为环境科学家和水资源管理者提供了实时、精确的数据。这些数据对于理解和管理水体环境至关重要。高效的数据处理不仅提高了监测的准确性，还加快了决策过程，使水资源管理更加高效和可持续。

物理监测技术之所以能够高效地处理数据，部分原因在于其先进的传感器设计和自动化数据收集技术。这些传感器能够在各种环境条件下稳定运行，为人们提供连续和准确的监测数据。例如，现代流速计能够在多变的水流条件下准确测量水流速度，而浊度计可以实时监测水体中悬浮颗粒物的浓度变化。信息技术的发展使物理监测数据的处理变得更加高效和智能化。通过使用先进的数据分析工具和算法，人们可以快速从大量数据中提取有用信息，识别环境变化的模式和趋势。在水资源管理中，高效的数据处理技术可以帮助管理者更快地响应环境变化，制定基于数据的管理策略。例如，在城市水体管理中，数据的实时监测可以用于指导洪水预警和应急响应；在农业灌溉管理中，土壤湿度和温度数据可以用于优化灌溉计划，提高水资源利用效率。

通过对物理监测技术在物理监测数据的高效处理中的作用进行初步探讨，人们可以看到这些技术在现代水质监测和资源管理中的重要性。它们不仅提高了监测数据的准确性和处理速度，还为基于数据的环境决策提供了坚实的基础。

4.3.2　物理监测技术在具体水质监测项目中的高效应用

物理监测技术在具体水质监测项目中的应用展示了其在环境保护和水资源管理中的实际效能。这些技术已经成为识别和解决复杂水质问题的关键工具。

在物理监测技术里，我们常常通过频繁采样或者连续监测来获取水质参数的详细数据，这些数据我们称之为高频水质数据。这些数据非常宝贵，因为它们能帮助我们更深入地理解复杂流域在控制溶解物质和颗粒移动方面的作用。举个例子，自然界中水同位素和氯常被用来估算雨水在集水区变成径流所需要的时间。而最近，随着我们能够获取到更多高频的示踪物时间序列数据，我们发现这些数据的规律竟然和流域的水文响应很相似，这让我们看到了流域过程的新面貌。

更重要的是，这些数据还推动了新的分析工具的发展。比如，有一种方法叫做"存储年龄选择方法"，还有一种叫做"集合线分离"，它们能帮我们算出河流中新水的平均比例（比如，如果每天采样，就能算出当天降水占的比例）以及这些新水的过境时间分布。特别是后一种方法，它不需要依赖模型，就能根据数据直接估算出流域输送过程是如何响应之前的湿度和降水强度变化的，这为我们提供了更直接、更准确的流域过程理解。

使用高频数据来校准物理模型（如水文和水质模型）可以显著提高模型的准确性，高频数据不仅可以为模型的预测提供基准，还能帮助分析数据中的不确定性来源。通过模拟短期变化，高频数据还可以反映流域中的径流分布和浓度变化，从而进一步验证模型的表现。另外，开发和应用高频数据的新机会正在借助一些免费的软件工具进行。例如，模型生成器是一种免费的模块化工具，可以简化水质模型的校准和应用；云服务创新平台为多种模型提供了一个安全、无须内部维护的网络接口；数据平台则通过标准化的传感器数据收集和质量保证流程，支持流代谢建模。

同时，多个免费的工具箱也已发布，以便分析高频水质数据。例如，提供的工具可以检测传感器数据中的异常值；用于水文分离分析的工具可以帮助划分水源；而光谱学分析工具可以处理传感器数据，并自动检测和校正异常数据。这些工具和平台为高频水质监测方法的创新与实践提供了便利。

4.4 物理监测技术在不同环境中的应用及发展

4.4.1 面向特定环境的物理监测技术革新及其在水质监测中的应用

面向特定环境的物理监测技术革新正在不断推动水质监测领域的发展。这些技术的改进和创新使人们在各种特定环境条件下，如极端气候、复杂的工业区域和敏感的生态系统中，都能进行更精确和高效的水质监测。通过应用这些技术，人们可以更好地理解和管理水体的健康状况，为水资源的可持续利用和保护提供强有力的支持。

在极端气候条件下，如高温、强降雨或严寒环境中，传统的水质监测技术可能无法稳定地工作。为此，新一代物理监测技术（如温度传感器和流速计）被设计得更加坚固耐用，能够适应这些极端气候条件。这些技术的应用，对于监测水资源变化和评估气候变化至关重要。

在复杂的工业区域，水体常受到多种污染物的影响。新型物理监测技术，如高灵敏度的浊度计和电导率传感器，可以实时监测工业排放对水质的影响。这些技术的应用有助于及时发现污染事件。人们可以及时采取措施减少污染物对周边水体和生态系统的影响。

在敏感的生态系统中，如湿地和珊瑚礁区域，水质的微小变化都可能对生态平衡产生重大影响。面向这些特定环境的物理监测技术，如多参数水质监测仪，能够同时测量多种水质参数，如 pH、溶解氧和光照度，为保护这些敏感的生态系统提供了关键的数据支持。

面对这些特定环境的监测需求，物理监测技术在革新的同时面临着挑战和机遇。挑战在于如何提高传感器的精确度、稳定性和适应性，以及如何有效处理和分析大量复杂的环境数据。机遇在于利用最新的科技进展，如纳米技术、无线通信和人工智能，来开发更先进、更智能的监测技术。

对面向特定环境的物理监测技术革新及其在水质监测中的应用进行探讨，人们可以看到这些技术在保护水资源和管理环境中的重要作用。物理监测技术不仅提高了监测的准确性和效率，还为基于数据的环境决策提供了坚实的基础。

4.4.2 在特定环境监测项目中物理监测技术的应用实例

物理监测技术在特定环境监测项目中的应用为水资源管理和环境保护提供了实际的解决方案。这些技术的应用不仅限于传统的水质监测，还扩展到了更多具有特殊要求的环境中，如工业废水监测和湿地生态系统保护。

在工业废水监测中，物理监测技术帮助监控工业排放对水质的影响。高灵敏度的浊度计和 pH 传感器的应用，可以实时检测工业废水中的悬浮颗粒物和酸碱度，确保排放的废水达到环保标准。这些技术的应用有助于减少工业活动对周围水体和生态系统的负面影响。例如，Frau 等开发的传感系统对英国威尔士两个废弃矿区的真实水样进行了测试，通过比较多峰的峰值参数，评估了该系统能不能准确地发现采矿活动对水质造成不同程度的影响，如图 4-8 所示。[①] 在 4 个样品中，PM（Parys Mountain 矿区的一个排水坑道）污染最严重（Cu 9.3 mg/L，Zn 10.5 mg/L），而 Wemyss 矿的酸性排水（FA）、矿物残留（MR）和自然条件（NC）（Cu <0.001 mg/L，Zn 2.9 ～ 9.3 mg/L）污染最严重。在所有的峰上，传感器都能区分两组样品，在 4 个样品的峰 2 ～ 6 处，谐振频率和振幅都发生了偏移。多

---

① Frau I，Wylie S R，Byrne P，et al . Functionalised microwave sensors for real-time monitoring of copper and zinc concentration in mining-impacted water[J]. International Journal of Environmental Science and Technology，2020，17：1861-1876.

峰表征可以提供更多关于水的组成信息。该传感器能够实时识别受污染较多或较少的样品，具有较高的重复性（变异系数 <0.05 dB），并可评估水体成分的变化。

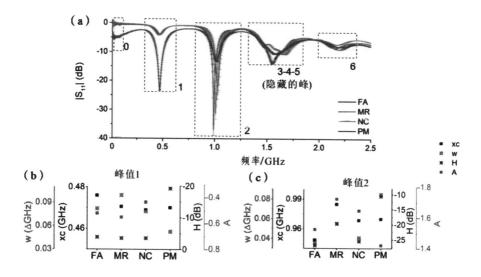

图 4-8　水样测试数据

在湿地生态系统保护中，物理监测技术（如溶解氧传感器和温度传感器）被用于监测湿地水体的生态状况。这些数据对于评估湿地生态系统的健康程度和监测生态变化至关重要。例如，通过监测溶解氧和水温变化，科学家可以评估湿地的生物多样性状况和水质状况，从而制定有效的生态恢复和保护策略。

在面对这些特定环境监测项目的挑战时，物理监测技术的创新和应用需要考虑环境的特殊性和复杂性。例如，开发能够抵御恶劣天气条件的稳定传感器，以及优化数据处理算法以应对大量和复杂的环境数据。这些创新策略使物理监测技术能够更有效地应用于特定环境监测项目中，为人们提供准确和可靠的监测数据。

4.4.3 物理监测技术在更广泛环境监测和管理领域的应用

物理监测技术在更广泛的环境监测和管理领域的应用，展现了这些技术对于理解和应对全球环境挑战的重要性。从气候变化监测到农业水资源管理，再到城市环境监测，物理监测技术提供了关键的数据，有助于实现更有效的环境管理和保护。

物理监测技术在气候变化监测中发挥着重要作用。基于物理监测技术长期监测的气温、降水量、海平面高度等参数，科学家可以更好地理解和预测气候变化的趋势。这些参数对于制定适应和缓解气候变化的策略至关重要，也为全球气候变化协议的制定和执行提供了科学依据。多合一农业气象传感器实物如图 4-9 所示。

图 4-9　多合一农业气象传感器

在农业水资源管理中，物理监测技术能精确测量土壤湿度、降雨量和水库水位，为农业灌溉提供了关键数据。这些数据帮助农民优化灌溉计划，减少水资源的浪费，同时提高农作物的产量和质量。物理监测技术在预测干旱和洪水等极端气候事件，以及其对农业生产可能产生的影响方面，起着至关重要的作用。例如，一种符合所有这些标准的传感器由球形

MIP 珠组成,通过电聚合沉积在电容式传感器的电极上。[①] 通过乳液聚合合成了相应的 MIP 珠,用于检测甲基对硫磷一种小分子,如杀虫剂和药物的模型分析物。磷酸缓冲盐溶液中不同浓度的目标化合物被测量,MIP 和 NIP 之间的电容差代表分析物的特定结合,如图 4-10 所示。从图 4-10 中可以看出,电容随浓度(10 ~ 50 μmol/L)的增加而减小。此外,该传感器能够在不增加再生缓冲区的情况下自我再生,证明了传感器的可重用性。

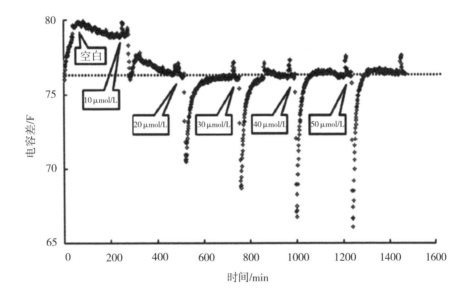

图 4-10 MIP 和 NIP 之间的电容差

在城市环境监测中,物理监测技术被用于持续监控城市空气质量、水质和噪声等环境指标。这些指标对于评估城市环境的健康状况、指导城市规划和提高城市居民的生活质量至关重要。例如,实时空气质量监测数据可以用于指导交通管理和减少空气污染。

---

① Lenain P,De Saeger S,Mattiasson B,et al. Affinity sensor based on immobilized molecular imprinted synthetic recognition elements[J]. Biosensors and Bioelectronics, 2015,69:34-39.

面对这些广泛的应用领域，物理监测技术的未来发展将聚焦提高监测设备的精度、增强数据处理能力，以及优化传感器网络的集成和通信。这些技术的进步将为全球环境挑战提供更有效的监测和管理工具，支持可持续发展的环境策略和行动。

物理监测技术在更广泛的环境监测和管理领域的应用展示了其在现代社会应对环境挑战中的关键作用。基于这些技术，人们可以更有效地监测和管理环境资源，保护生态系统，同时促进人类社会的可持续发展。

4.4.4 物理监测技术在未来环境监测与环境管理中的潜在发展

随着环境挑战的加剧和技术的不断进步，物理监测技术在未来环境监测与环境管理中的潜在发展显得尤为重要。这些技术将在智能化、自动化和数据整合方面取得显著进步，从而更有效地应对环境变化和管理自然资源。

物理监测技术的未来发展趋势之一是向更高程度的智能化和自动化演进。这意味着传感器将能够自动收集数据、识别模式并即时响应环境变化。例如，通过集成人工智能和机器学习算法，传感器能够自动分析数据，预测环境趋势，甚至在必要时自动调整监测参数。这将大大提高数据收集的效率和准确性，同时减少对人工干预的依赖。

未来物理监测技术的另一个关键发展方向是多源数据的整合和分析。遥感技术、地理信息系统和物联网的发展，使人们可以将来自不同源头的环境数据整合在一起，从而更全面地评估环境。例如，将卫星遥感数据与地面传感器数据结合，可以提供更全面的森林覆盖、土地利用变化和水体污染视图。

物理监测技术在未来环境管理中的应用将越来越多地侧重预测和预防，而不仅是响应和修复。通过实时监测和数据分析，人们可以提前识别环境风险，制定有效的预防措施，从而更有效地保护自然资源和生态系统。这些技术将支持更精准的资源规划和管理，帮助人们实现可持续发展目标。

物理监测技术在未来环境监测与环境管理中的潜在发展预示着这些技术将在全球环境保护和资源管理中发挥更加重要的作用。随着技术的不断进步，人们将能够更有效地应对环境挑战，保护自然资源。

第5章　在线高频水质监测的应用领域

5.1　河流与湖泊的水质监测

5.1.1　水质监测的意义与挑战

河流和湖泊是地球上主要的淡水资源，对于维持生物多样性、提供饮用水和农业灌溉水源以及支持众多工业活动至关重要。随着人口的增长和工业化的加速，河流与湖泊面临着前所未有的污染压力。化学污染物、重金属、农药残留和工业废物的排放威胁着河流与湖泊的水质安全，也影响水生生物和人类健康。因此，有效的水质监测不仅是环境保护的需要，还是公共卫生的需要。

水质监测面临的主要挑战之一是如何准确、及时地捕捉水体状况的变化。传统的水质监测方法，如采样分析，虽然能够提供详尽的化学和生物参数信息，但通常耗时较长且不能实时反映水质变化状况。由于河流与湖泊的水质受到多种因素影响，包括季节变化、天气条件和人为活动，因此监测数据的解读和应用也充满挑战。

近年来，在线高频水质监测技术的发展为水质管理提供了新的解决方案。这些技术利用先进的传感器和实时数据处理系统，可以实现对水质参数的连续监测和即时反馈。例如，溶解氧、电导率、pH 和浊度等关键指标可以被在线监测设备实时跟踪。

5.1.2　在线高频水质监测技术的演进与应用

在水质监测的发展历程中，在线高频水质监测技术标志着一个重要的转折点。传统水质监测方法往往依赖定期的样本采集和实验室分析，这种方法的局限在于时间延迟和数据点的稀缺性。相反，在线高频水质监测技术通过持续的收集和即时分析，提供了一个更加动态和全面的监测方案。这一技术的核心在于使用一系列的传感器和数据传输设备。这些设备可以安装在河流或湖泊的关键位置，实时监测多种水质参数。

在线监测系统通常包括溶解氧传感器、浊度传感器、pH 传感器、电导率传感器和温度传感器。这些传感器能够持续监测水体中的物理参数和化学参数，为水质管理提供即时和准确的数据。例如，溶解氧水平的监测对于评估水生生态系统的健康状况至关重要，而浊度的监测则有助于及时发现水体的悬浮物质变化。

除了传统参数的监测，在线高频水质监测技术还允许监测一些更复杂的指标，如有机污染物、重金属和营养物质。这些高精度分析仪器，如质谱仪、光谱荧光仪[①]和色谱仪[②]，虽然成本相对较高，但可提供更精准、全面的数据。数据的实时传输和处理是在线高频水质监测技术的另一关键特征。在线高频水质监测技术监测的数据可以通过无线通信技术被实时发送到中心数据库，进行即时分析和处理。这不仅提高了数据的可用性，还为

---

① 　于佳佳，沈辉，王玉涵，等 . 基于不同背景选取方式四极质谱仪数据库匹配分析
[J]. 分析试验室，2024（5）：726-730.
② 　韩学东，田忠旺 . 浅析检定液相色谱仪应注意的问题 [J]. 品牌与标准化，2023（3）:
156-158.

水质管理决策提供了强有力的支持。例如，在环保机构应对污染事件中，光谱荧光仪发挥了重要作用。它可以快速识别水、空气和土壤中的有机污染物，如石油烃类和多环芳烃，通过监测这些物质的荧光特性，提供精准的污染源定位和浓度分析。这种实时、灵敏的检测能力使光谱荧光仪成为污染应急响应和环境恢复监测的关键工具，有效提升了污染事件处理的科学性与效率。光谱荧光仪的作用原理如图 5-1 所示。

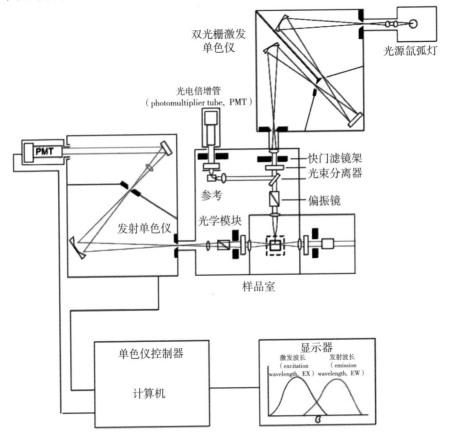

图 5-1　光谱荧光仪作用原理

河网中氮的转化对流域氮的输出具有重要的调节作用。[①]河流和溪流的有机质来源和养分供应的时空变化，以及水流状态和水流形态的变化，都可能对氮的去除、同化和异化途径产生重要影响。最重要的是，水流中的养分滞留是由初级生产力（细菌、真菌、藻类和大型植物）吸收造成的，而反硝化过程会产生养分的损失。大量证据表明，生态系统代谢在控制营养物在河流中的摄取方面很重要。以前的研究表明，大多数的硝酸盐从河流中去除不是反硝化作用的结果，而是由于同化过程的吸收。Mulholland 等在一项涵盖 72 条溪流的研究中，发现反硝化作用平均只占总 NO_3^- 摄取量的 16%。[②]反硝化作用与吸收 NO_3^- 的比例在不同河流对总氮的吸收可能有很大差异，在特定场地条件下，反硝化作用可能产生超过 50% 的氮损失。

5.1.3　应对技术应用中的挑战与优化策略

在实施在线高频水质监测技术的过程中，人们不可避免地会遇到各种挑战。这些挑战可能源于技术本身、环境条件、数据管理或者成本问题。

技术设备的稳定性和准确性是实施在线高频水质监测时必须考虑的重要因素。传感器和其他监测设备可能受到恶劣天气条件、水质变化或者生物附着的影响。为了应对这些问题，定期的维护和校准是必不可少的。例如，传感器的清洁和定期校准可以确保数据的准确性和可靠性。在特定监测环境中选择适合的设备也至关重要，如在泥沙含量高的河流中使用专门设计的抗阻塞型传感器。

数据管理和分析是在线监测系统的核心部分。随着监测数据量的增加，如何有效地存储、处理和分析这些数据成为一大挑战。先进的数据处

① Rode M，Angelstein S H N，Anis M R，et al. Continuous In-stream assimilatory nitrate uptake from high-frequency sensor measurements[J]. Environmental Science and Technology，2016，50（11）：5685–5694.

② Mulholland P J，Helton A M，Poole G C，et al. Stream denitrification across biomes and its response to anthropogenic nitrate loading[J]. Nature，2008，452（7184）：202-205.

理技术和软件可以帮助管理者从大量数据中提取有用信息。例如，机器学习和人工智能技术的应用可以自动识别数据中的异常模式，预测潜在的污染风险，并为管理决策提供支持。成本也是实施在线高频水质监测的一个重要考虑因素。尽管这些技术提供了显著的优势，但它们的初始投资和运营成本相对较高。为此，合理规划监测项目，优化资源分配和利用外部资金支持，如政府补助和环保项目资金，可以帮助降低成本压力。

随着技术的进步，我们现在能收集到很多高频水质监测数据，这些数据让我们进一步了解了水处理过程中每个关键元素之间的联系。但现在的问题是，这些数据相对较多也比较杂，我们需要整理好它们，制定统一的标准，让数据更公开、好分享，还要扩大监测范围。这样，高频监测才能从科研走到实际应用，帮我们更好地管理水质和做出决策。虽然高频监测技术已经很强大了，但我们还没把它用到极致。如果我们把高频监测仪器和其他工具（比如皮艇、水下无人机）、遥感技术，还有高级的统计和建模方法结合起来，这个领域就能发展得更快，所以，我们都很期待高频技术未来能带来更多新发现和进步。

5.2 城市供水系统的在线监控

5.2.1 城市供水系统在线监控的重要性与挑战

在现代城市管理中，供水系统的质量和安全对于保障公共健康至关重要。城市供水系统的在线监控涉及对水源、处理过程和分配网络中的水质进行持续和实时监测。本部分将探讨城市供水系统的在线监控的重要性以及面临的主要挑战。近年来，我国生活用水量呈现逐年递增的态势。[①]

城市供水系统的在线监控是为了确保饮用水的质量符合健康安全标

---

① 中华人民共和国水利部 . 2022 年中国水资源公报 [J]. 水资源开发与管理，2023（7）：2.

准。监控项目包括但不限于微生物污染、化学物质残留、重金属含量以及水的理化特性（如 pH、硬度和余氯水平）。通过实时监测这些指标，人们可以及时发现污染事件，防止不合格水源进入市政供水系统。

在多个流域建立的在线高频水质监测系统，为比较集水区之间的水化学模式和过程提供了新的机会。例如，在美国东北部，在线高频水质监测对多个集水区的高频监测显示，在事件尺度上，城市集水区和森林集水区的养分输出动态具有相似性。

面对城市化加速和人口增长带来的挑战，城市供水系统的复杂性不断增加。这不仅涉及对水源的保护和对水质的处理，还包括对分布网络中的水质维护。例如，老化的管网可能导致漏损和二次污染，水库和处理设施的容量需要适应不断变化的需求。因此，有效的在线监控系统需要能够覆盖整个供水过程，从水源到用户龙头。城市供水系统的在线监控还面临技术和管理上的挑战。技术挑战包括如何整合高灵敏度的监测设备、实现大规模数据的实时处理和分析，以及维护系统的长期稳定性。管理挑战涉及跨部门的协调、应对紧急情况以及公众沟通和教育。

城市供水系统的在线监控对于确保水质安全、应对城市化挑战以及提升水资源管理效率至关重要。有效地监控不仅需要先进的技术支持，还需要综合的管理策略和公众参与。

5.2.2 城市供水系统在线监控的技术架构与创新

城市供水系统在线监控的技术架构是确保水质安全和监测效率的基础。这一架构涉及多种技术的整合，包括传感器技术、数据通信系统、分析处理软件，以及自动化控制机制。本部分将详细探讨这些技术架构及其在在线监控中的应用，以及近年来在这一领域的技术创新。

传感器技术在在线监控中扮演着关键角色。这些传感器被设计用来实时监测水质的各种参数，如氯、pH、浊度、重金属和有机物含量等。传感器越来越小型化、精确化，且越来越能适应复杂的环境条件。例如，光谱分析传感器能够在不同波长下检测水中的化学成分，电化学传感器用于监测水中特定离子的浓度。

随着物联网技术的发展，数据通信系统不仅提高了数据传输的速度和可靠性，还支持了更大范围内的传感器网络的构建。这使监控数据即使在广阔的城市供水网络中也能实时准确地收集和传输。

分析处理软件能够处理大量复杂的监测数据，利用先进的算法进行数据分析和模式识别。例如，机器学习算法可以用于预测水质变化趋势，辅助决策制定。可视化工具和用户界面的设计也使监控数据更易理解和操作，提高了管理效率。

自动化控制机制使在线监控过程更加高效和智能。这些控制系统可以根据监控数据自动调节水处理过程，如调整加氯量或启动额外的净化步骤。它们还能在检测到异常时自动报警，快速启动应急响应程序。

近年来，技术创新，如传感器技术的微型化、数据处理软件的智能化，以及自动化控制系统的高级集成，极大地提升了城市供水系统在线监控的能力。这些创新不仅提高了监测的准确性和实时性，还增强了系统的适应性和可靠性，为城市供水安全提供了坚实的技术保障。

5.2.3　城市供水系统的在线监控在实际应用中的挑战与解决策略

城市供水系统的在线监控在实际应用中面临诸多挑战，包括环境适应性、数据管理、系统维护和用户接受度等。这些挑战的有效解决对于保证在线监控的长期稳定性和效率至关重要。本部分将探讨这些挑战及其解决策略，以确保在线监控能在各种情况下有效运行。

环境适应性是城市供水系统的在线监控面临的主要挑战之一。在线监控需要在各种环境条件下稳定工作，包括极端气候、复杂的水质和物理环境等。为此，人们在设计传感器和设备时必须考虑这些环境因素，并采用耐腐蚀、抗干扰的材料和技术。在线监控应具备自适应能力，根据环境变化调整监控参数和策略。

数据管理方面的挑战包括大量数据的存储、处理和分析。在线监控的数据量一直在增加，所以如何有效管理这些数据成为一项不小的挑战。解决这一问题的关键在于采用高效的数据库系统，结合强大的数据处理和分析软件。数据的安全性和用户的隐私保护也不容忽视，需要采用加密技术和安全协议来保护数据。

系统维护是另一个重要的挑战。为保证在线监控的准确性和可靠性，定期维护和校准是必需的。制订详细的维护计划和程序，以及培训专业的维护团队，是确保系统长期稳定运行的关键。开发智能诊断和远程维护技术也能显著提高维护效率。

在线监控的设计和实施还应考虑用户接受度。设计友好的用户界面、简化的操作流程和有效的用户培训，可以提高用户的接受度和参与度。公众教育和宣传也有助于提高公众对水质安全重要性的认识和对监控系统的支持。

城市供水系统的在线监控在实际应用中面临的这些挑战需要综合策略来解决。这包括技术创新、系统维护、数据管理优化以及用户教育和参与。这些策略可以确保在线监控的长期有效运行，为城市供水安全提供坚实保障。

5.3　工业废水处理的水质监测

5.3.1　工业废水处理的现状与重要性

工业废水处理是当代环境保护和水资源管理的重要组成部分。随着工业化的发展，工业废水处理已经成为一个关键的环境挑战。本部分将探讨工业废水处理的现状，工业废水处理在环境保护中的重要性，以及处理工业废水所面临的主要挑战。

工业废水中包含多种污染物，如重金属、有机污染物和悬浮固体等。这些污染物如果未经处理直接排放，将对水环境和人类健康造成严重威胁。因此，工业废水的有效处理不仅是保护环境的必要措施，还是工业可持续发展的关键要求。

工业废水中的污染物对环境的危害各有不同。这些污染物包括固体污染物、需氧污染物、油类污染物、有毒污染物、营养性污染物等。固体污染物包括悬浮物、胶状物和溶解固形物等。固体污染物会使水体变混浊，还能改变水体颜色，如果沉积在水底会妨碍水生生物生长和繁殖，甚至堵塞水道。需氧污染物是指那些消耗水中溶解氧的有机物质和部分无机物，如铁和硫化物等。油类污染物包括石油和动植物油的有机化合物，同样对水质造成严重影响。有毒污染物，如某些化学物质，能对生物体产生毒性反应。营养性污染物主要是氮和磷等，它们是植物和微生物的营养来源。营养性污染物一旦过量，会引起水体富营养化，导致藻类和浮游生物过度繁殖，降低水中氧气含量，进而引发大量生物的突然死亡。因此，在工业废水中这些污染物各有其独特的危害性，而且相互之间可能产生复杂的交互作用，从而对环境构成了严重威胁，需要有效地处理和管理来降低这些污染物对自然环境和人类生活的影响。水体富营养化的湖泊如图 5-2 所示。

图 5-2　水体富营养化的湖泊

环境法规对环境的保护力度在不断加强，公众的环保意识在不断提高，工业废水处理技术也在不断进步。现代工业废水处理不仅是简单的污染物去除过程，还是一个涉及物理、化学和生物等多个领域的综合过程。这些处理技术包括初级处理（如沉淀和浮选）、二级处理（如生物处理）和高级处理（如膜技术、吸附和先进氧化过程）。

工业废水处理所面临的挑战包括处理效率、成本和技术更新。不同工业产生的废水所含的成分是复杂多样的，需要特定的处理技术和设备。处理过程中的能耗和运营成本也是企业和环境管理者需要考虑的重要因素。新的处理技术（如纳米技术、生物技术和智能化控制系统等）正在被开发和应用，使工业废水处理效率不断提升，处理成本不断下降。

工业废水处理不仅对于保护环境至关重要，还是实现工业可持续发展的一个关键环节。工业废水处理正在逐渐向着高效、经济和环保的方向迅猛发展。

5.3.2　工业废水处理的关键技术

工业废水处理领域的关键技术在不断发展，以应对各种复杂的环境污染挑战。有效的工业废水处理技术不仅需要去除有害污染物，还应尽可能地节能和降低成本。本部分将探讨在工业废水处理中常用的关键技术，以及它们如何处理特定类型的污染物。

物理处理技术是工业废水处理的第一步，主要用于去除废水中的悬浮固体和大颗粒物质。常用的物理处理技术包括筛分、沉淀、浮选和过滤。这些技术利用物理作用分离废水中的固体和液体，为后续的化学和生物处理提供更纯净的废水。

化学处理技术是去除废水中溶解性污染物的重要步骤。这包括中和反应、化学沉淀、氧化还原反应和吸附过程。例如，化学沉淀可以用于去除废水中的重金属和磷化合物，吸附过程广泛用于去除有机污染物，如染料和表面活性剂。

生物处理技术利用微生物去除废水中的有机物质和部分无机物质。这些技术包括活性污泥法、生物滤池和人工湿地系统。活性污泥法是一种广泛应用的生物处理技术，利用微生物的代谢作用高效去除废水中的有机污染物。

当废水中含有难降解的有机物时，高级氧化过程被用于氧化这些污染物。这些过程包括臭氧化、光催化氧化和湿式氧化等，产生强氧化性的自由基来破坏有机物的化学结构。

膜技术在工业废水处理中越来越受到重视，尤其是在去除溶解性污染物和水回用方面。常见的膜处理技术包括反渗透、超滤和纳滤等，这些技术能有效去除废水中的微粒、细菌和溶解性有机物。

这些技术的有效组合和应用对于处理特定类型的工业废水至关重要。随着技术的发展，新的技术（如纳米技术和生物工程技术）也正在被研究和应用，以提高处理效率和降低运营成本。工业废水处理领域的技术多样且不断发展，能够有效应对各种复杂的工业废水污染问题。通过合理选择和优化这些技术，人们可以实现高效、经济和环保的废水处理目标。

5.3.3　工业废水处理技术的创新发展与未来趋势

在工业废水处理领域，技术创新的步伐从未停歇。面对日益严峻的环境挑战和越来越严格的处理标准，新兴技术正在改变传统的工业废水处理模式，带来更高效、更可持续的解决方案。2008—2022 年我国工业用水量如图 5-3 所示。[1]

最近几年，一系列创新技术已经开始在工业废水处理领域得到应用。其中，生物技术的应用尤为显著。一些新兴生物技术利用特定微生物的代谢能力，不仅能高效去除有机污染物，还能处理某些难以降解的化合物。例如，基因工程手段改造的微生物能够特异性地降解某些工业废水中的有毒物质，如苯和重金属。

纳米技术也在工业废水处理中展示了巨大潜力。纳米材料，如纳米零价铁和纳米吸附剂，因其高比表面积和强化的化学活性，在去除工业废水中的重金属和有机污染物方面表现出色。同时，纳米催化剂在高级氧化过程中的应用，提升了难降解物质的处理效率。

---

① 中华人民共和国水利部. 2022 年中国水资源公报 [J]. 水资源开发与管理，2023（7）：2.

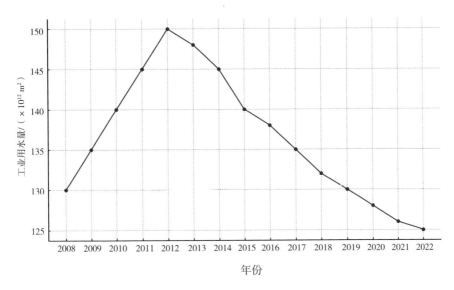

图 5-3　中国 2008—2022 年工业用水量

信息技术的融合也是工业废水处理领域的一个重要趋势。通过集成物联网技术，工业废水处理系统能够实时监测处理过程，并优化运行参数。例如，智能化控制系统能够根据实时监测数据自动调节处理工艺，提高处理效率和能源利用率。

可持续性和零排放的理念正逐渐成为工业废水处理技术发展的核心。大多数污水处理厂都在研究新兴的工业废水回用和资源回收技术，如使用一个具有四个电极（金、铂、铱、铑）的伏安传感器阵列用于废水处理厂的多点水质监测。水样品分别在 9 个过滤步骤，以及整个水净化过程的前后采集。通过主成分分析处理伏安数据，揭示了原始、快速过滤和清洁水之间的显著差异。然而，人们可以观察到，经过几个慢滤器处理后的样品在主成分分析分数图上与快速过滤的水样非常接近。这可能是由于这些过滤器的效率较低。因此，人们得出结论，多传感器系统适用于连续控制处理设施的水质，指示可能出现故障的装置，以及在维修后检查水的状态。

5.4　农业用水监测

5.4.1　农业用水监测的现状与挑战

农业用水监测是确保农业生产可持续性和生态系统平衡的关键环节。在当前全球背景下，农业面临着来自人口增长、气候变化和资源稀缺等多重压力。这些因素使对农业用水的精确监测变得越发重要。2013—2022年我国农业用水量如图 5-4 所示。①

农业用水监测不仅涉及对水量的监控，还包括对水质的持续评估。水量监测主要关注灌溉水的使用效率和分配，而水质监测则聚焦灌溉水中潜在污染物的检测，如农药残留、重金属和营养物质是否过量。这些监测活动对于保障农作物健康生长、防止土壤退化和保护周边生态系统至关重要。目前，农业用水监测正面临着一系列挑战。一些地方缺乏先进的监测工具和技术知识，这很大程度上限制了对水资源的有效管理。与此同时，近年来气候变化使极端天气事件增多，如干旱和洪水，也增加了水资源的压力，使水资源的管理和分配更加复杂。

① 中华人民共和国水利部. 2022 年中国水资源公报 [J]. 水资源开发与管理，2023，9（7）：2.

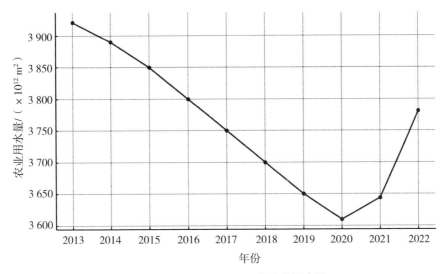

图 5-4　中国 2013—2022 年农业用水量

5.4.2　农业用水监测的先进技术和实践

在农业用水监测领域，一系列先进技术和实践已被开发和应用，旨在提高水资源利用的效率和可持续性。这些技术不仅有助于准确测量和管理水资源，还能优化灌溉系统，保护农田生态环境。

土壤水分传感器和遥感技术在农业用水监测中发挥着核心作用。土壤水分传感器能够直接在田间测量土壤的水分状况，为农民提供关于何时以及多少水量进行灌溉的实时数据。这些传感器通过无线网络连接到中央数据处理系统，实时传输测量数据。而遥感技术，特别是卫星和无人机搭载的多光谱仪器，可以在更大的空间范围内监测农作物的生长状况和水分需求。遥感技术在分析从空中获取的影像后，就可以精确地确定灌溉的需求和时机，从而减少水资源的浪费。

智能灌溉系统可以利用实时的土壤水分和气象数据来自动调节灌溉。通过把天气预报和土壤水分监测数据进行整合，智能灌溉系统可以自动调整灌溉计划，优化水资源的使用。除智能灌溉系统外，滴灌和微灌等节水灌溉技术也被广泛应用，特别是在水资源紧张的地区。

除了技术先进与否，农民和农业经营者对新技术的接受度和使用技巧也是决定这些技术应用成功与否的关键因素。因此，技术转移和培训成为推广这些先进监测技术的重要组成部分。农业用水监测的先进技术和实践为提高灌溉效率、节约水资源和保护农业生态环境提供了强有力的支持。这些技术的进一步创新和普及将对全球农业可持续发展产生深远影响。

5.4.3　应对农业用水监测的应用挑战

农业用水监测技术取得了显著进展的同时，在实际应用中存在诸多挑战。这些挑战包括技术的适应性、成本，以及农业生产者的接受度和培训需求。理解并解决这些挑战是提高农业用水监测效果、确保水资源可持续利用的关键。

不同的农业环境，如气候条件、土壤类型和农作物种类的不同，对水资源的需求各不相同。因此，农业用水监测技术需要足够灵活，才能适应不同的环境和需求。例如，在干旱地区，农业用水监测技术可能需要特别关注水分的有效利用和保存；在多雨地区，农业用水监测技术可能需要更多关注排水和水质监控。农业用水监测技术应考虑地区内的基础设施和技术支持能力，确保其在当地环境中可行和有效。高端的农业用水监测设备和技术往往成本较高，这对于资金有限的小规模农户来说是一个不小的负担。因此，开发成本较低、效益高、易于使用和维护的农业用水监测工具和方法是推广这些技术的关键。政府和非政府组织也可以对农户给予补贴、开展技术培训和其他支持措施，帮助农户降低成本压力。当然，新技术的成功推广不仅取决于其技术性能，还跟农户的接受程度和使用技术有关。提供适当的培训和技术支持，让农户了解技术的优势和操作方法，对于促进技术的推广和应用至关重要。为应对这一挑战，相关部门可以通过示范项目和案例分享等方式，来增强农户对新技术的信心和兴趣。在考虑技术的适应性、成本效益以及农户的接受度的综合措施实施下，人们可以有效推广农业用水监测技术的发展和应用，提高农业用水管理的效果，从而支持可持续农业的发展。

5.4.4　提升农业用水监测效果的未来路径

高效且可持续的农业用水监测的实现需要不断地创新和合作。技术的进步、跨界合作以及政策的支持共同构成了提升农业用水监测效果的未来路径。

在技术创新方面，未来的农业用水监测将越来越依赖智能化和自动化技术。物联网技术的应用使农田的水量和水质监测变得更加精确和实时。在农田中部署的各种传感器，可以连续监测土壤湿度、水质参数和环境变量，从而使与灌溉相关的决策响应更加快速。人工智能和大数据分析的应用将进一步提高数据处理的效率和准确性，通过分析大量的历史和实时数据，人们甚至可以预测灌溉需求和优化水资源管理策略。

技术创新还需要不同领域进行跨界合作。这包括不同学科的研究者、技术开发者和农业实践者之间的合作，以及跨国的合作。不同地区和领域的人相互分享知识、技术和实践经验，从而相互学习，共同应对水资源管理的挑战。国际组织和多边机构在促进这种合作方面发挥着重要作用，它们可以提供平台和资源，支持跨国的研究项目和技术转移。相关政策支持对于推动农业用水监测的创新和应用至关重要。

通过技术创新、跨界合作和政策支持三方面共同发力，农业用水监测的效果可以得到显著提升。这些努力不仅有助于提高水资源的利用效率和保护农业生态环境，还是实现全球农业可持续发展目标的关键。

第6章 在线高频水质监测的策略与规划

6.1 在线高频水质监测项目的设计与规划

在实施在线高频水质监测时，项目的设计与规划是成功的关键。这一过程不仅涉及对监测计划的构建，还包括对技术的选择与应用、数据的管理和分析以及风险评估与管理。

6.1.1 在线高频水质监测计划的构建

构建一个监测计划需要对监测项目的多个方面进行综合考虑和协调。设计监测计划的基础是明确监测目标。根据这些目标，监测计划将确定监测点的选址、监测参数以及监测频率。例如，如果监测目标是追踪工业排放，则监测点应设在排放源附近和下游的关键位置，重点监测包括重金属和有机化合物在内的污染物。

实施监测计划的另一个核心环节是监测技术的选择。现代水质监测技术包括但不限于自动化采样装置、在线水质分析仪器（如分光光度计和电化学传感器）和遥感技术。技术的选择取决于监测目标、预算成本以及监测环境。例如，在动态变化的河流环境中，人们可能需要采用能够提供快速响应的在线监测系统，在相对稳定的湖泊环境中，人们可以结合定期采样和实验室分析的方式进行水质监测。监测计划应包括数据收集、存储、处理和分析的细节。这涉及使用适当的数据收集方法、选择合适的数据存储平台、开发有效的数据处理流程以及应用先进的数据分析技术。数据分析不仅能够提供对当前水质状况的信息，还能够揭示水质变化的长期趋势。监测计划的成功实施还需要考虑人力和财力资源的合理配置。这包括专业人员的培训、监测设备的维护以及长期运行的资金保障。在预算规划时，人们应充分考虑这些因素，以确保监测项目的持续运行，并保证监测项目的效果。通过综合考虑这些因素，人们可以构建一个科学的水质监测计划，为水资源的管理和保护提供强有力的支持。

6.1.2　在线高频水质监测技术的选择与应用

在在线高频水质监测的实施过程中，选择合适的监测技术是确保数据准确性和项目有效性的关键。这一选择需考虑监测目标、环境条件、技术特性和成本效益等多个方面。不同的监测技术有不同的优势和局限。在实际应用中，人们通常需要结合多种技术以适应特定的监测需求和条件。

在线监测系统是一种非常常用的在线高频水质监测技术，它能够提供实时或接近实时的水质数据。这类系统通常包括各类传感器，如溶解氧传感器、浊度传感器、pH 传感器和营养盐传感器等。在线监测系统特别适用于对水质变化敏感的环境，如工业排放区域或城市水体。这些系统的优势在于能够持续提供数据，捕捉水质的即时变化，但其局限性在于有着高成本和高维护需求。除了传感器技术，另一种重要的技术是遥感监测，尤其是卫星遥感和无人机遥感。遥感监测会分析从卫星或无人机获取的光谱图像，可以在较大的地理范围内监测水体表面的物质，如藻华或沉积物分布。遥感监测在大范围水体和难以直接访问的区域特别有用，但它通常无法提供水体深层的详细数据。遥感监测作用示意图如图 6-1 所示，湖泊碳循环中湖泊流域特征、水体碳库和理化性质等遥感监测示意图，如图 6-2 所示。[①]

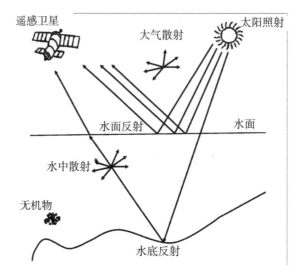

图 6-1　遥感监测作用示意图

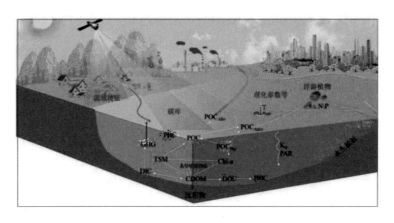

图 6-2　湖泊碳循环中湖泊流域特征、水体碳库和理化性质等遥感监测示意图

20 世纪 80 年代，多光谱遥感技术兴起，这种技术主要通过分析目标

---

① 黄昌春，姚凌，李俊生，等．湖泊碳循环研究中遥感技术的机遇与挑战 [J]．遥感学报，2022（1）：49-67．

和背景之间的光谱差异来识别和分类地面物体。这种技术在水质监测领域，如叶绿素的含量和悬浮物浓度的监测中应用广泛。

研究者已经利用这些多光谱遥感技术来研究湖泊水质。例如，利用 Landsat 数据对鄱阳湖的水质进行了分类，他们的分类结果与实地监测结果一致，为湖泊管理和保护提供了技术支持；结合监测数据和遥感数据，分析了淀山湖氮磷营养物的长期变化规律，为湖泊生态修复提供了理论依据；通过分析东平湖的水体反射率数据与地面同步水质监测数据进行相关分析，建立了波段比值模型来反演东平湖的叶绿素 a 浓度。这一模型能够准确快速地揭示叶绿素 a 的分布和变化趋势，但 Landsat 的数据重访周期较长，这限制了它展示湖泊水质参数的细节。

而 MODIS 卫星数据则在时间分辨率上表现更好，能满足湖泊水质监测的需求，并已广泛用于量化叶绿素 a 等物质的监测。

虽然在线监测系统非常便捷，但是实验室分析仍然是水质监测的重要组成部分。虽然实验室分析不提供实时数据，但它在识别特定化学物质和生物指标方面具有无可替代的作用。例如，监测重金属、有机污染物和微生物时，实验室分析结果往往可以保证更好的精度和灵敏度。这种方法可以在深入研究水质问题和验证其他监测方法的准确性时使用。在选择监测技术时，人们还需考虑监测频率和数据处理的需求。高频监测虽然能提供更丰富的数据，但意味着更大的数据量和更复杂的数据管理。因此，在监测计划中，选择适合的技术组合和数据处理策略是实现高效监测的关键。所以，在线高频水质监测技术的选择应基于对监测目标和环境条件的深入理解。结合不同技术的优势，人们可以设计出既有效又经济的监测方案，为水质管理和环境保护提供科学依据。

6.1.3　在线高频水质监测数据的管理与分析

在在线高频水质监测项目中，数据的管理与分析是确保有效利用监测数据的关键环节。监测频率的增加导致产生的数据量显著增长这种情况对数据的处理、存储和分析提出了更高的要求。有效的数据管理不仅涉及数据的收集和记录，还包括数据的质量控制、数据的分析和解释。这些步骤对于从大量数据中提取有价值的信息，支持水质管理决策和政策制定至关重要。

数据管理的首要步骤是确保数据的准确性和完整性。这需要人们建立严格的数据收集和记录程序，包括定期校准传感器和验证数据的正确性。数据质量控制是一个持续的过程。这包括检测和纠正数据收集中的错误，如设备故障或环境干扰导致的异常数据。这一步骤对于维护数据的可靠性和监测结果的有效性至关重要。随后的数据分析过程是将收集的数据转化为有意义信息的关键环节。这包括使用统计方法分析数据趋势、识别异常和评估水质变化。高级的数据分析技术，如时间序列分析、回归分析和机器学习算法，可以用于识别复杂的水质模式和预测未来的水质变化。这些分析技术有助于深入理解水体的状况，评估环境政策的效果，并为水资源管理提供科学依据。

数据解释和报告是将分析结果转化为可理解和可操作信息的过程。这不仅包括对数据的科学解释，还涉及将数据以直观的形式呈现，如图表、地图和可视化仪表板。有效的数据解释能够帮助管理者、决策者和其他公众理解水质的当前状况和变化趋势。数据共享和交流在在线高频水质监测中同样重要。公开透明的数据共享不仅促进了科学研究和公众参与，还增强了监测数据的社会价值。基于共享数据和监测结果，不同的利益相关者可以共同参与水资源的管理和保护，促进环境政策的制定和实施。

6.1.4 在线高频水质监测中的风险评估与管理

在在线高频水质监测项目中，评估与管理各种潜在风险对于确保监测数据的准确性和项目的顺利实施至关重要。这些风险可能包括技术故障、环境变化、数据误差以及财务和操作挑战。

技术故障是在线高频水质监测中常见的风险之一。监测设备可能因长期暴露在恶劣环境中或频繁使用而出现故障。为了减少这一风险，定期的设备维护和检查至关重要。建立故障响应和修复机制，包括备用设备和快速维修服务，可以确保监测活动在设备出现问题时仍能继续进行。

可能对监测结果产生影响的因素还包括环境条件。气候条件、水体动态和人为活动都可能导致水质变化，从而影响监测数据。因此，监测计划应包含对这些环境因素的监控，并随时准备调整监测策略以应对环境变化。

数据在收集、传输和处理过程中可能会出现误差。传感器校准不准确、数据传输中断或软件错误等都会导致误差出现，所以需要严格的质量控制流程来管理。这包括实施数据审核、验证程序和使用高质量的数据分析软件。

在线高频水质监测项目通常需要显著的财务投入，包括设备购买、维护和人员培训费用。因此，精确的预算规划和成本控制对于项目的可持续性至关重要。确保项目团队具备足够的技术知识和操作技能，通过培训和发展专业来提高团队的能力，也是成功实施监测项目的关键。在线高频水质监测项目的风险评估与管理是一个多方面的过程，涉及技术、环境、数据和财务等多个领域。有效的风险管理策略，可以最大限度地降低这些风险对项目的影响，确保监测活动的准确性和连续性。

为了应对这些风险，人们可以在所有流场安装冗余传感器，设计更加强大的网络。人们可以每年对网络的可持续性进行评估，以评估人力资源、安全问题、数据的重要性，以及是否应该移除、添加、重置或更换传感器，以满足数据质量标准。人们还应不断探索新技术及其在一系列水流特性中的适用性，以及在极端环境条件下生存的能力。

6.2　针对特定场景的在线高频水质监测策略

6.2.1　针对城市水体的在线高频水质监测策略

城市水体，包括河流、湖泊和水库，是在线高频水质监测的重要对象。城市水体面临的主要挑战包括污水排放、工业污染、雨水径流和休闲活动引起的污染。这些挑战要求监测策略必须综合考虑城市特有的环境条件和人类活动。针对城市水体的在线高频水质监测策略应聚焦几个关键方面，以确保监测活动能够有效地捕捉城市水环境的特性和问题。

中国环境监测总站的网站上有主要城市、地区的空气质量预报系统和水质自动监测系统。某时刻北京市水质自动监测系统的数据如图 6-3 所示。

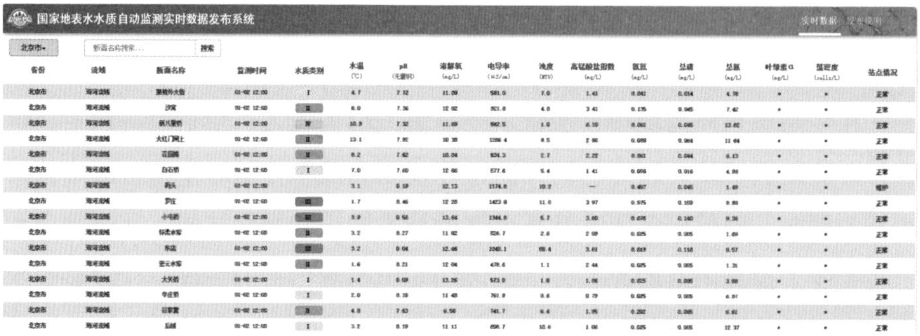

图 6-3 某时刻北京市水质自动监测系统的数据

对城市水体进行监测时，监测点的布置应覆盖城市水体的主要区域，包括污染源附近、城市中心区域，以及下游的重要区域。这些位置的监测点能够反映城市水体受到的主要影响，如工业区和居民区的排放、交通运输导致的油污和重金属污染，以及市政排水系统的影响等。由于城市河流和湖泊通常是市民休闲娱乐的场所，监测计划还应包括评估人类休闲活动对水质的潜在影响。

城市水体的监测频率应根据污染负荷和水体的动态变化来确定。例如，在雨季期间或特殊事件（如大型公共活动）后，可能需要提高监测频率以捕捉由雨水径流和短期人流增加引起的水质变化。监测技术的选择应基于城市水环境的具体需求。例如，人们可以在对城市水体的监测中使用能够实时监测营养盐、有机污染物和重金属的传感器，以及遥感技术来监测水体的表面状况和藻华发生情况。

数据管理在城市水体的在线高频水质监测中也至关重要。由于城市水体的水质数据对市政管理和公共健康具有直接影响，因此确保数据的准确性、及时性和透明性是非常重要的。监测数据应在公共平台向市民开放，以提高公众对水环境问题的认识度与参与度。

城市水体的在线高频水质监测需要与城市规划和环境政策紧密结合。监测数据不仅可以指导城市的水资源管理和污水处理策略，还可以支持环境政策的制定和调整，如改善排水系统、控制工业排放和提升河流生态修复工程。

6.2.2 针对农业用水的在线高频水质监测策略

农业活动对水质的影响是多方面的，包括农药和肥料的使用、灌溉排水和土壤侵蚀等。这些因素使针对农业用水的在线高频水质监测成为一个复杂且具有挑战性的任务。在线高频水质监测在这一领域的主要目的是评估农业活动对水体的影响，监控关键污染物的浓度，以及指导可持续的农业水资源管理。为了实现这些目标，监测策略需要综合考虑农业活动的特点和环境条件。

农田灌溉水质基本控制项目的数据限值如表 6-1 所示。

表 6-1 农田灌溉水质基本控制项目的数据限值

序号	项目类别	农作物种类	
		水田农作物	旱地农作物
1	pH	5.5 ～ 8.5	
2	水温 /℃	≤ 35	
3	悬浮物 /（mg/L）	≤ 80	≤ 100
4	五日生化需氧量（BOD_5）/（mg/L）	≤ 60	≤ 100
5	化学需氧量（COD_{Cr}）/（mg/L）	≤ 150	≤ 200
6	阴离子表面活性剂 /（mg/L）	≤ 5	≤ 8

在制订针对农业用水的在线高频水质监测计划时，需要做的是确定监测点的位置。这些位置应选择在农业活动密集的区域，如近农田的河流、湖泊或地下水井。监测点的选择还应考虑到灌溉系统的排水点和农田径流的汇入区。因为农业活动受季节性变化的影响较大，监测频率可能需要根据季节和农作物的生长周期进行调整，以捕捉关键时期的水质变化。监测计划还应包括对特定农业污染物的监测，如氮、磷等营养盐和农药残留等。使用能够检测这些物质的传感器和分析仪器对于及时了解农业活动对水体的影响至关重要。

在农业用水的在线高频水质监测中，数据管理和分析同样重要。监测数据应用于评估农业活动的环境影响，指导灌溉和施肥的最佳实践，以及评价水资源保护措施的效果。为了实现这些目的，监测数据不仅需要精确和可靠，还要易于理解和应用。除了监测计划，与农民和农业管理者的合作对于实施有效的监测计划至关重要。对农民进行水质监测相关知识的教育和培训，可以增强农民对水资源保护的意识，鼓励他们采取更可持续的农业实践活动。监测结果的反馈和讨论可以帮助农业管理者制定更合理的水资源管理策略和环境保护措施。

针对农业用水的在线高频水质监测需要一个全面且灵活的策略，这一策略不仅包括监测点的选定和监测频率的调整，还包括特定污染物的监测、数据管理和与农业社区的合作。这种综合性的监测计划，可以有效地评估和管理农业活动对水质的影响，从而支持农业的可持续发展。

6.2.3　针对工业排放的在线高频水质监测策略

水体污染的主要来源包括工业污染，特别是在工业区或城市附近的河流和湖泊中。工业污染包括各种化学物质、重金属和有机污染物的污染，这些污染物对水质和生态系统构成严重威胁。因此，针对工业排放的在线高频水质监测是确保水环境安全和支持工业可持续发展的关键。

监测点的选择对于捕捉工业排放，至关重要。监测点应设置在工业排放源附近的水体，以及下游可能受到影响的区域。这些监测点可以提供工业排放对水质影响的直接数据。

对于不同的排放性质以及不同的水体变化，人们应该设定灵活的监测频率。对于持续排放的工厂，如化工厂或造纸厂，可能需要较高的监测频率以追踪污染物的浓度变化。而对于间歇性或季节性的排放活动，如某些矿业活动，监测频率可以根据活动周期进行调整。具体的监测技术的选择应针对工业排放的特定污染物进行确定。高灵敏度的分析仪器，如质谱仪和高效液相色谱仪的使用，可以准确测定水中的特定化学物质和重金属浓度。实时监测技术，如在线化学分析仪和传感器网络，可以提供实时数据，帮助相关人员及时发现和应对突发污染事件。在工业排放监测中，数据管理和分析的重要性同样不容忽视。监测数据不仅可以用于评估工业活动对水体的影响，还可以用于指导工业污染控制和减排措施。相关人员对监测数据进行深入分析后，可以识别污染源，评估污染物的迁移路径，并据此制定有效的污染防治策略。

监测计划想要成功实施，相关的工业企业以及监管部门需要积极参与。监管部门与工业企业进行合作，可以更好地理解工业活动和排放特性，从而制定更有效的监测策略。监测结果的反馈和讨论可以帮助监管部门制定和调整环境管理措施，促进工业活动的可持续发展。

所以，针对工业排放的在线高频水质监测需要综合考虑监测点的选择、监测频率、技术应用、数据管理和与工业企业的合作。这种综合性的监测策略可以有效监控和管理工业排放对水环境的影响，支持工业领域的环境保护和可持续发展。

6.2.4　在线高频水质监测与其他环境监测方法相结合

为了获得更全面的环境评估并为环境保护和管理措施提供有效支持，在线高频水质监测与其他环境监测方法相结合是非常必要的。这种综合监测策略可以提供更广泛的数据和洞察，帮助理解水体污染的多种因素和它们之间的相互作用。本部分主要介绍了在线高频水质监测与生物学监测、水文学监测、气象条件相结合的情况。

生物学监测，包括对水生生物多样性、种群结构和生物量的评估，可以提供有关水体生态状况的关键信息。例如，通过分析水生植物和动物群落的变化，人们可以了解水质变化对生态系统的长期影响。水质监测数据所反映的生物学信息可以帮助识别污染源和评估污染对生态的影响。例如，人们可以通过检测水体中的鱼类、浮游生物的各项数值来帮助识别污染源和评估污染对生态的影响。

水文学监测包括对水位、流速、流量和水文周期的观测。这些信息对于理解水体的物理特性和动态变化至关重要。例如，水流的变化可能影响污染物的扩散和沉积。结合水文数据和水质数据，人们可以更准确地评估污染事件的影响范围和强度。空间信息技术，如地理信息系统和遥感技术，也可以与在线高频水质监测相结合。这些技术提供的空间数据有助于分析水体污染的空间分布和趋势，如通过卫星图像识别污染物的扩散路径或监测水体的表面状况变化。结合空间数据，在线高频水质监测可以提供更全面的环境评估。

气象条件，如降雨、温度和风速，对水体的物理、化学和生物特性有显著影响。通过分析气象条件与水质数据的关联，人们可以更好地理解环境变化对水体的影响。

在线高频水质监测与其他环境监测方法相结合可以提供更全面的环境评估，并支持更有效的环境保护和管理决策。这种综合监测策略不仅有助于提高监测数据的准确性和可靠性，还能够增强环境管理的综合性和提高管理效果。

6.2.5 在线高频水质监测项目中的综合风险管理

在线高频水质监测项目在实施过程中需要面对多种复杂的风险，这些风险涉及从技术到环境，再到数据管理和资金管理等多个方面。有效的风险管理不仅保证了监测数据的准确性和可靠性，还确保了监测项目的顺利进行。

在在线高频水质监测项目中，技术相关的风险是一个主要考虑点。监测设备，如传感器和数据记录器，可能会受到各种外部因素的影响，如极端天气、水体条件的变化或机械磨损。为应对这些风险，需要开展定期的设备检查和维护，以及建立及时的故障响应和备份系统。多种检测方法和设备的应用可以更好地保证监测系统的正常运行，从而减轻单一设备故障带来的影响。

环境变化对水质监测数据的准确性具有重要影响。变化的气候条件、水体流动性以及人类活动都可能导致水质的快速变化。因此，监测计划需要灵活，能够根据环境条件的变化进行调整。例如，在雨季或特殊事件（如工业泄漏）发生后，人们可能需要增加监测频率，以便更准确地捕捉水质的变化。

数据管理方面的风险主要涉及数据的处理、存储和分析。随着数据量的增加，如何有效地处理和分析大量数据成为一个挑战。有效的数据管理系统应包括高效的数据处理流程、强大的数据存储能力以及先进的数据分析工具。确保数据的安全性和保密性也是重要的，特别是在涉及敏感信息时。

资金的管理是另一个关键的风险领域。在线高频水质监测项目通常需要较多的资金投入，包括设备购置、运行维护以及人员培训等。有效的预算管理和成本控制策略对于项目的长期可持续运行至关重要。人们可以致力于寻找多元化的资金来源，包括政府资助、私人投资和国际合作，从而为项目提供更稳定的资金支持。

在线高频水质监测项目的综合风险管理涉及多个层面，需要综合考虑技术、环境、数据和资金等方面的风险。全面的风险评估和有效的管理策略，可以降低这些风险对项目的影响，确保监测活动的顺利进行，并获得可靠的监测结果。

6.3　在线高频水质监测的风险评估与管理

6.3.1　在线高频水质监测中的风险评估

在进行在线高频水质监测时，全面的风险评估是监测项目成功的关键。这种评估涵盖了从技术选型到数据管理、环境变化应对，以及资金和资源配置等多个方面。综合性评估的目的是识别和理解可能影响监测项目准确性、可靠性和持续性的所有潜在风险。理解这些风险，并据此制定有效的管理策略，对于确保在线高频水质监测项目能够有效地运行并提供可靠数据至关重要。例如，人们可以用不同方法检测水体的生物毒性指标。常见生物毒性指标的指示原理、优势及不足如表 6-2 所示。

表 6-2　生物毒性指标的指示原理、优势及不足

指标类别	指示原理	优　势	不　足
鱼类	观察鱼类的呼吸、游动及选择等行为变化	对毒性的反应与高级脊椎动物相似，可以用来评估对人体的危害	检测时间过长；不同鱼种的反应差异较大，并且繁殖几代之后易对污染物产生抗性
发光菌	测量发光菌细胞呼吸作用所产生光强的抑制率	检测方法简单快速、在工业、矿业废水及重金属污水中有着广泛的应用	受浊度、盐度等因素影响，水质样品需要提前处理
大型蚤	观察大型蚤的趋光性、游动速率及分布概率等行为指标	易于培养，对有毒污染物响应灵敏度高，主要用于饮用水的监测	受环境因素影响；低浓度的污染物的预警灵敏度低

续　表

指标类别	指示原理	优　势	不　足
藻类	观察藻类叶绿素荧光变化	一般用来预警水体的富营养化，对以农业污染为主且水质较好的水体的预警效果较好	易对污染物产生抗性；检测结果会受到其他因素的影响，需要提前处理
贝类	测量贝类闭壳的时长	易于培养获取，对农药类和重金属类污染物响应灵敏度高	难以确认预警阈值的标准
微生物传感器类	将微生物的呼吸作用转换为电流信号，通过测量电流强度变化来判断微生物呼吸作用的抑制率	对污染物响应灵敏度高、速度快，而且操作简单，易于测量	稳定性较差，需要经常维护，并且难以实现长时间在线预警

在技术方面，合适的监测设备和方法是确保数据准确性和有效性的基础。监测设备的可靠性和适应性需要根据特定的环境条件和监测目标进行评估。例如，如果监测项目位于极端气候或具有复杂水文条件的区域，监测设备的耐用性和稳定性将成为重要考虑因素。技术选择还需要考虑监测频率和数据精度的需求，确保所选设备能够准确捕捉关键的水质参数，如营养盐、重金属或微生物含量。环境变化对水质监测项目也带来了显著的风险。这些变化可能是由自然因素引起的，如季节性降水变化、水流动态或气候变化等；也可能是由人为活动导致的，如工业排放或土地使用变化等。监测项目在制订计划时需要充分考虑这些因素，并具有适应这些环境变化的灵活性。例如，在降雨模式发生变化或特定污染事件发生时，需要及时调整监测策略，以确保数据的时效性和准确性。在线高频水质监测会产生大量的监测数据，这要求监测项目具备强大的数据处理能力和先进的分析工具。数据的安全性和完整性必须得到保证，以防止数据丢失或被篡改。因此，有效的数据管理策略和系统的建立对于保障数据的质量和可用性至关重要。

综合性的风险评估可以在项目规划阶段就识别出潜在的风险，并制定相应的应对策略。这不仅有助于提高项目的整体效果和数据质量，还能增强监测项目在应对不可预见事件时的韧性。

6.3.2　在线高频水质监测中的风险管理策略

在在线高频水质监测项目中，有效的风险管理策略是确保项目成功和数据质量的关键。这些策略涵盖了针对技术风险的策略、针对环境变化的策略、针对数据管理的策略和针对资金和资源的策略等多个方面。每个方面的风险管理策略都对项目的整体效果和持续性具有深远影响。

针对技术风险，风险管理策略应侧重确保监测设备的可靠性和适应性。这包括定期对监测设备进行维护和校准，以及采用多个系统以防单点故障。例如，人们可以部署多套监测设备或传感器，以确保即使部分设备出现故障，也不会影响整体监测的连续性。可以选择具有良好记录和支持的设备品牌和供应商购买监测设备，确保系统的稳定性和可靠性。

针对环境变化，风险管理策略应包括对环境参数的持续监测和对监测计划的灵活调整。这意味着监测计划需要适应气候变化、水体流动性变化和人为活动的影响。例如，监测频率和方法可能需要根据季节性降雨或干旱、水体使用变化等因素进行调整。这种灵活性使监测项目可以更有效地应对环境变化，确保数据的准确性。

针对数据管理，风险管理策略可以通过建立强大的数据处理、存储和分析系统来减轻。这包括采用高效的数据处理软件、可靠的数据存储解决方案和先进的分析工具。严格的数据安全措施，如定期备份和访问控制的实施，可以防止数据丢失和阻止未经授权的访问。

针对资金和资源，风险管理策略是确保项目可持续性的关键。这要求项目负责人进行精确的预算规划和成本控制。多元化的资金来源，如政府资助、私人投资和国际合作，可以为项目提供更稳定的资金支持。项目团队应具有所需的技能和专业知识，增强应对各种挑战的能力。

基于这些综合性的风险管理策略，在线高频水质监测项目可以更有效地应对各种挑战，提高项目的成功率和数据的可靠性。

6.3.3　在线高频水质监测中的持续质量控制和改进

在在线高频水质监测项目中，持续质量控制和改进是保持监测效果和数据质量的重要环节。这种持续质量控制和改进涉及监测设备的运行状态监控、数据准确性的验证、监测方法的评估和改进、持续的培训和团队发展等方面。

监测设备的运行状态监控是确保数据质量的基础。这包括对传感器和其他仪器的定期校准和维护，以及实时监控设备的性能和运行状况。例如，通过设置自动报警系统，人们可以在传感器失准或设备故障时及时发现并进行干预。这种监控不仅减少了数据收集的中断风险，还提高了数据的可靠性。

数据准确性的验证也是质量控制的一个关键环节。这涉及定期对监测数据进行审核和比对，包括与历史数据、其他监测点的数据或实验室分析结果的对比。这种对比有助于识别数据异常、验证数据的准确性，并确保监测结果的一致性和可信度。

为了应对环境变化和技术进步，监测方法的评估和改进也非常重要。这意味着定期评估监测策略的有效性，考虑是否需要引入新的监测技术或是否需要调整监测参数和频率。例如，随着新传感器技术的发展，人们可能需要更新设备来提高测量的精度或增加新的监测参数。

持续的培训和团队发展也是必不可少的。监测团队需要定期接受有关最新监测技术、数据分析方法和环境变化趋势的培训。这种持续的培训和团队发展有助于提升团队的能力，确保他们能够有效地进行监测和应对新的挑战。

在实施了这些持续质量控制和改进措施后，在线高频水质监测项目可以保持高标准和快速响应的特点，从而在提供准确、可靠数据的同时，能够适应不断变化的环境。

6.3.4 在线高频水质监测中的新兴技术和创新方法

随着科技的不断发展，在线高频水质监测中的新兴技术和创新方法也越来越多。这些新兴技术和创新方法不仅提高了监测的效率和准确性，还为水质分析和环境评估带来了新的视角。本部分将探讨如何在在线高频水质监测项目中融合这些新兴技术和创新方法，以及它们如何提高监测的能力。

物联网技术在水质监测中的应用正日益增多。通过将传感器、通信技术和云计算平台结合，物联网使实时数据收集和远程监测成为可能。例如，在河流或湖泊中，传感器可以实时发送水质数据到中心数据库，实现持续监测和即时报警。物联网技术不仅提高了数据收集的频率和实时性，还减少了人工采样的需要。例如，基于窄带—物联网＋嵌入式单片机的水质监测架构如图 6-4 所示。

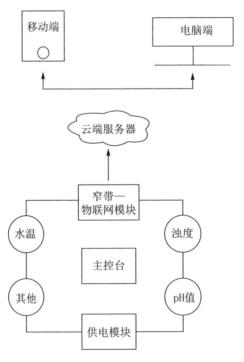

图 6-4　基于窄带—物联网＋嵌入式单片机的水质监测架构

人工智能和机器学习在数据分析和解释方面展现巨大潜力。这些技术可以处理大量复杂的数据集、自动识别模式和趋势、预测未来的水质变化。在分析历史和实时水质数据后，人工智能模型可以预测污染事件的发生或评估某种污染防治措施的效果。

遥感技术在水质监测中发挥着重要作用。卫星和无人机搭载的传感器可以提供水体的宏观视角，监测水体的表面温度、藻类生长和污染分布等。结合地面的监测数据，遥感技术可以提供更全面的水质评估。

微型化和自动化技术的发展为水质监测带来了新的可能性。微型化的监测设备使监测难以到达的区域成为可能，自动化的采样和分析系统可以提高数据收集的效率和准确性。

这些新兴技术和创新方法的融合不仅能够提升在线高频水质监测的效率和效果，还能够为环境管理和政策制定提供更深入和全面的洞察。通过不断地探索和应用这些先进技术，在线高频水质监测项目可以更有效地应对环境挑战，为保护水资源和环境提供强有力的支持。

6.3.5　在线高频水质监测中的持续技术更新和团队培训

为了保证在线高频水质监测项目能够有效应对不断变化的环境挑战并充分利用最新的科技成果，持续技术更新和团队培训是必不可少的。这不仅可确保监测设备和方法保持在最前沿，还可以提升项目团队的专业能力和适应新技术的能力。

持续技术更新是应对快速发展的环境监测技术领域的关键。随着新的监测设备、传感器技术和数据分析工具的出现，定期评估和更新监测设备和方法成为保持项目有效性的重要环节。例如，新型传感器可能提供更高的测量精度或能够监测更广泛的水质参数。定期评估这些新技术并将它们整合到现有的监测系统中，可以持续提升监测数据的质量和可靠性。

与持续技术更新同样重要的是团队培训。新技术引入后，项目团队需要不断更新他们的知识和技能，以确保能够有效地使用这些技术并解释监测数据。这包括对新设备的操作培训、对最新数据分析技术的学习，以及对环境变化趋势的了解。定期的培训和研讨会可以帮助团队成员保持对最新环境监测趋势的了解，提升他们的专业能力。团队培训也有助于提高团队成员对复杂环境问题的理解和对解决方案的创新能力。例如，通过跨学科培训，团队成员可以更好地理解水质问题与气候变化、生态系统健康和社会经济活动之间的关系。这种全面的视角有助于团队在设计监测计划和解释数据时采取更综合的方法。

持续技术更新和团队培训在在线高频水质监测项目中起着至关重要的作用，不仅确保了监测活动能够利用最新的科技成果，还提升了团队应对环境变化和技术挑战的能力。通过这些措施，在线高频水质监测项目可以更有效地捕捉水质变化，为水资源管理和环境保护提供有力的支持。

6.3.6 在线高频水质监测中的多学科整合

在在线高频水质监测中，多学科整合不仅能提供更全面的环境评估，还能为解决复杂的水资源问题提供多方面的信息。水资源的保护和管理是一个涉及多个学科领域的复杂任务，包括生态学和环境科学、工程学、数据科学和社会经济学等。通过跨学科合作，我们可以更全面地理解水资源问题，更有效地制定和实施解决方案。

生态学和环境科学提供了理解水体生态系统和评估环境影响的基础。将这些学科的知识应用于水质监测，可以更好地理解污染物对水生生物和生态系统的影响。例如，生态学和环境科学研究可以揭示某些污染物如何影响水生动植物的生长和繁殖，或者如何影响水体的营养循环和能量流动。

工程学在监测设备的设计和优化、数据收集方法和污染控制技术的开发中发挥着关键作用。它可以提高监测的准确性和效率，如开发更高效的水样采集系统或更精准的传感器技术。工程学还为污染防治和水资源管理提供了实用的技术手段，如污水处理技术和水体修复工程。

数据科学在处理和分析大量监测数据方面发挥着关键作用。数据科学方法，如统计分析、模式识别和机器学习的应用，可以从复杂的水质数据中提取有价值的信息。这些分析结果有助于预测水质变化趋势，评估环境干预措施的效果，以及支持基于数据的环境管理决策。

社会经济学帮助人们理解水环境问题与社会经济活动之间的关系。在社会经济学视角下，可以探讨工业发展、城市化或农业活动对水资源的质量和可用性的影响。社会经济学为评估环境政策的经济效益和社会影响提供了工具，帮助制定更平衡和可持续的水资源管理策略。

多学科整合在在线高频水质监测中的应用对于提供全面的环境评估和深入的问题解析至关重要。通过这种整合，在线高频水质监测项目不仅能更准确地捕捉和理解水质变化，还能为制定更有效的环境政策和管理措施提供科学依据和多维度视角。

6.4　在线高频水质监测的持续监测与数据管理

传感器网络尽管能带来诸多优势，但易于发生故障，进而引发数据缺失或质量下降等问题。在一定程度上传感器故障不能完全避免，但我们仍可以采取有效措施，最大限度地减少数据丢失的风险，提升数据的整体品质。

6.4.1　在线高频水质监测数据的质量保证和质量控制

在对水质进行持续监测的过程中，如何对监测数据进行质量保证和质量控制尤为重要。

质量保证和质量控制这两个概念经常一起使用，而且关系密切，但二者的含义并不相同。二者的主要区别是质量保证是面向过程的，而质量控制是面向产品的。就在线高频水质监测目的而言，人们将质量保证定义为一组流程或步骤，以确保传感器网络和协议的开发和遵守，以最大限度地减少产生的数据的不准确性。质量保证的目的是产生高质量的数据，同时尽量减少提高数据质量的纠正措施。质量控制是在数据生成并测试它们是否满足最终用户描述的必要质量要求之后进行的。质量保证是一种主动或预防性的过程，以避免问题；质量控制是一个在可疑数据生成后识别和标记它们的过程。

许多质量保证／质量控制程序可以自动化。例如，自动化的质量保证程序可以监测雨量器中雨水的累积深度，并在需要排空时向技术人员发出警报。自动化的质量控制程序可以识别数据中的异常峰值并对其进行标记。尽管在质量保证／质量控制中几乎总是需要一定程度的人为干预和检查，而自动化质量保证／质量控制的加入通常是一种改进，因为它确保了一致性并减少了人为偏差。自动化的质量保证／质量控制还可以更有效地处理由传感器网络生成的大量数据，并减少所需的人工检查数量。因为自动化的质量保证／质量控制可以即时执行（当数据被收集时），不准确的数据会被标记和更正，比手工操作更快。但是，人们必须非常小心地确保有效的数据没有被删除，并且所有处理步骤都有很好的文档化，以便对它们进行评估。全自动质量控制也有局限性，如一个真实的但极端的值由于超出预期范围而被审查。为了确保不会发生这种情况，人们应该仔细检查标记为可疑的数据，并且始终保存原始（未操作的、预处理的）数据。

在生态社区中，在有限的质量控制或没有质量控制的情况下，在线发布流媒体传感器数据已经成为一种常见的做法。也就是说，这些数据通常以原始形式交付给最终用户，而没有进行任何检查或评估。在这种情况下，数据通常是临时发布的，因为它们可能在未来发生更改。但是，如果在全面核查之前就公开提供临时数据，就有可能产生错误的结果或对最终用户产生误导，所以这时数据的质量控制自动化系统显得尤为重要。例如，我国"国家地表水水质自动监测实时数据发布系统"在网站上以每4小时一次的频率，发布国内各大主要地表水的各项实时监测数据，网站页面如图6-5所示。

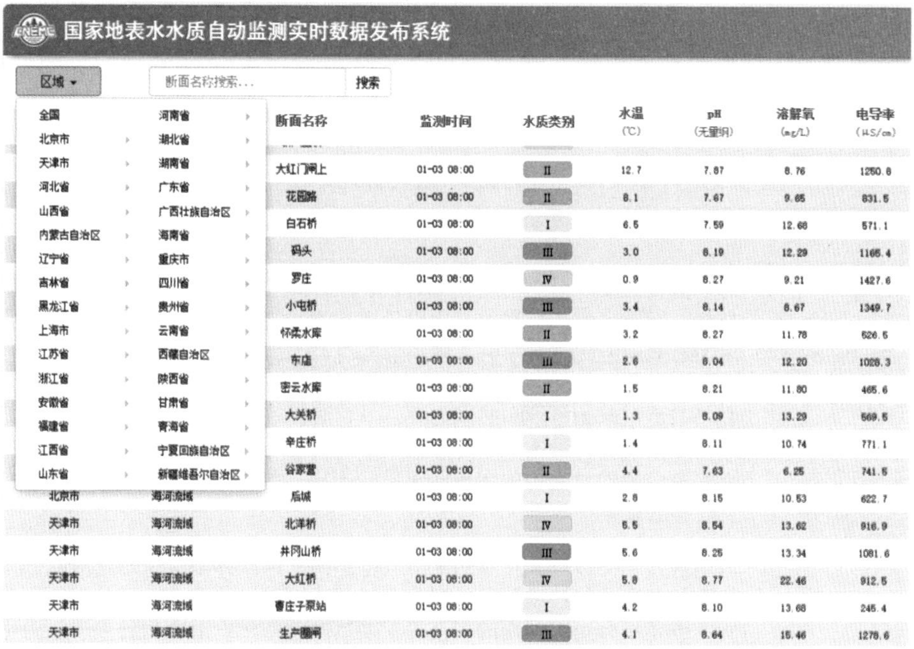

图 6-5　国家地表水水质自动监测实时数据发布系统

6.4.2　6 种质量控制测试

强大的自动化质量控制程序对于快速识别不准确的数据至关重要。正常运行的质量控制程序可以接受有效的数据，拒绝无效的数据。当良好的数据被错误地标记为无效时，就会出现假阳性结果，而当错误的数据被接受为有效时，就会出现假阴性结果。对假阳性结果和假阴性结果发生情况的分析提供了可用于进一步调整质量控制程序以达到最佳性能的信息。质量控制程序的有效性可以通过合成数据集或包含"种子"错误的真实数据集进行测试。

随着传感器网络收集的数据量的增长，自动化质量控制方法变得越来越重要。对于兆字节级的数据集，手工方法可能已经足够了；然而，它们并不适用于大型传感器网络的千兆和兆兆级。质量控制程序因为数据的类型和收集数据的位置不同，所以没有适用于所有情况的通用标准。一些常见的做法适用于大多数传感器数据，可以通过设置适合数据位置和预期用途的公差来定制。6种质量控制测试如表6-3所示，高分辨监测数据质量控制如图6-6所示。

表6-3　6种质量控制测试

测试项目	测试内容
日期和时间	每个数据点都有一个与之相关的日期和时间。因为流媒体传感器网络是按时间顺序收集数据的，所以日期和时间的顺序上相对应。当以固定的时间间隔（如每小时）收集数据时，人们可以交叉核对记录的和预期的日期和时间。当传感器数据自动下载到计算机文件系统时，人们将最后记录的日期和时间与文件系统时间进行比较，可以检查主要的数据记录器时钟错误和传感器故障。为了有效地使用时间戳，要知道它被应用的时间（如在采样间隔的开始、中间或结束）的时间，并且时钟必须定期校准
范　围	范围检查确保数据在建立的上下限范围内。这些界限可以是绝对的，基于传感器的特性或测量的参数（如相对湿度必须在0%和100%之间）或基于历史或预期的规范。长期数据有助于设定适当的界限，提供关于极值（如有史以来记录的最高或最低值）、统计规范和基于过去观察的类似指标的信息。当没有数据存在时，人们可以使用来自附近位置的数据建立边界，并随着更多的数据可用而改进边界。定制的范围测试可以解释年度内的变化，如发生在周、月或季节的周期性影响。例如，空气温度测量的长期日范围比全年的范围要窄
重　复	当系统重复记录相同的值时，可能表明传感器故障或其他系统故障。例如，风速通常是连续变化的，因此一段时间内重复的数值表明出现了问题
坡　度	对坡度变化的检查是为了测试变化率对于所收集的数据类型的真实情况。在很短的时间间隔内，坡度急剧增加或减少（即尖峰或阶跃函数）可能表明传感器受到干扰或发生故障
内部一致性	内部一致性检查评估相关参数之间的差异，如确保最低气温小于最高气温或雪水当量小于雪深。内部一致性检查还可以确定数据是否在特定传感器不合适的条件下收集。例如，当传感器未被淹没时（即根据相应的水深测量）所记录的水温，或当入射的太阳辐射在夜间被记录时（即根据白天的时间）
空间一致性	如果不存在复制传感器，那么站点间比较是有用的，即将一个位置的数据与来自附近相同传感器的数据进行比较。流媒体传感器网络应用中采用了几种不同的空间一致性测试，包括空间回归模型、相邻站点统计分布的差异等

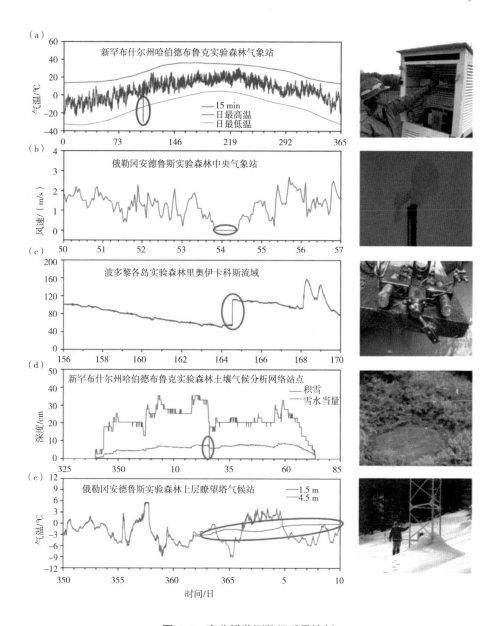

图 6-6　高分辨监测数据质量控制

　　除了这些简单的质量控制程序，智能机器学习方法正越来越多地被用于生态传感器数据的质量控制。这些方法代表了一种数据驱动的质量控制方法，其中统计模型或分类器通过从传感器收集的经验数据以自动化的方式进行训练。这种方法几乎不需要了解传感器硬件或被测量的现象。为了进行模型训练和验证，它确实需要一个包含错误数据、干净数据或包含两者示例的标记数据集。

6.4.3 处理错误数据

在水质监测中，缺失数据是不可避免的，当出现缺失数据或者错误数据的情况时，相关人员需要决定是否删除、调整或用估计值替换。在某些情况下，虽然相关人员得到的数据具有不准确性，但是在修改后仍然可用。一个例子是仪器漂移：当漂移的时间过程是已知的，并从复制传感器读数或校准中得到，可以应用简单的校正算法对数据进行处理。中间或非线性漂移在环境应用中更常见，且难以补救。例如，在传感器维护或重新校准后，读数的突然变化表明已经发生的漂移，而不是漂移的起始点和速率。

当无法修正数据或传感器完全失效时，记录就会出现空白。填补这些空白可以增强数据的适用性，这意味着它可以帮助实现数据用户确定的具体目标（如计算年度净通量）。然而，填补空白可能是一项复杂的工作，并可能导致误解和不适当的数据使用。填补空白的决定和填补空白的方法是主观的，取决于空白的长度（如天、周、月）、估计值的置信度以及使用数据的方法等因素。空白的填补存在许多不同的相关技术，包括线性插值、基于历史数据的估计、与其他站点的关系，以及基于过程的模型的结果等。一些修正可以在接近实时的情况下应用，而另一些（如传感器漂移）只能在一段足够的时间后才能进行。

6.4.4 总结与展望

传感器网络正越来越多地用于监测生态系统，并将很快成为记录世界各地生态现象的标准方法。这些传感器网络需要快速和全面的质量保证/质量控制，以确保数据的质量和有用性。自动化的质量保证/质量控制程序将是处理这些数据泛滥的关键，因为它们可以快速处理数据，并在接近实时的情况下识别和纠正问题，而不引入人为错误。有些程序对漂移的修正只能在事后进行，因此临时数据的发布永远不可能完全取消。在可预见的未来，质量保证／质量控制不太可能完全自动化，也不太可能取代人类的决策和干预。尽管自动化质量保证／质量控制的需求是迫切的，但实现起来可能很有挑战性。例如，人们很难设置质量保证／质量控制公差，以减少假阳性错误和假阴性错误，特别是在不断变化的环境条件下。标记为有问题的数据的处理方法，通常需要专业知识做出适当的决定。自动化质量保证／质量控制可以将所需的人工干预量降至最低，还可以提高数据质量，并允许最终数据产品更快地发布。

第 7 章　在线高频水质监测系统的维护、性能优化与未来发展

7.1　在线高频水质监测设备的维护

7.1.1　在线高频水质监测设备的维护和故障排除

在在线高频水质监测项目中，对监测设备进行维护和排除故障是保证数据质量和项目连续性的关键环节。监测设备包括各种传感器、采样器和数据记录器。监测设备经常处于苛刻的环境条件下，面临着诸如腐蚀、生物污染和机械磨损等挑战。定期的维护可以预防故障的发生，有效的故障排除确保监测设备在出现问题时能够迅速恢复正常运行。

监测设备的维护主要包括清洁、校准和功能检查。例如，溶解氧传感器需要定期清洁电极和膜片，以去除可能影响读数的杂质和生物膜。校准是另一项重要的维护工作，特别是对于那些测量化学成分的传感器，如 pH 传感器和营养盐传感器，需要定期校准以保证测量的准确性。不同部

门对水质监测设备的维护要求也有所区别，某水质监测站的设备维护要求如表 7-1 所示。

表 7-1　某水质监测站的设备维护要求

维护周期	维护对象	检查维护内容
每周 1 次	采水浮筒	检查浮筒固定情况
	自吸泵	检查电机后面风叶转动是否灵活、均匀、无异物、无异常声音，以免影响电机散热进而烧毁电机
每月 1 次	自吸泵或潜水泵	若自动站采用单泵运行，则每月系统操作可以更换使用水泵；检查潜水泵线缆连接情况；检查自吸泵泵体清洁、内部风叶运转情况以及水量
每两月 1 次	自吸泵	清洗采水头
	过滤网	直接用清水清洗
	潜水泵	清洗泵体和吊桶
	取水管路	检查管路是否存在打折现象，是否畅通；清理管路周边杂物，在泥沙含量大或者藻类密集的水体断面应视情况进行人工清洗
每年 1 次	水泵	聘请专业人员维护维修或者更换新的水泵

　　除了日常维护，对监测设备进行定期的性能测试也是保证数据质量的关键。这包括检查传感器的响应时间、测量范围和精度，以及评估数据记录器的存储容量和传输稳定性。性能测试帮助识别潜在的问题，并提供及时干预的机会。

　　故障排除涉及快速诊断和解决设备运行中的问题。这通常需要对监测系统有深入的理解，包括设备的工作原理和可能的故障模式。在故障发生时，引发故障的原因是关键，无论是软件错误、硬件故障还是环境因素导致的问题。一旦确定了问题的原因，人们就可以采取相应的措施进行修复，如更换损坏的部件、调整配置设置或进行必要的清洁和校准。

有效的维护和故障排除策略不仅保证了监测设备的可靠运行，还提高了整个监测项目的效率和准确性。预防性维护和及时的故障处理，可以避免数据丢失和监测中断，确保监测项目能够持续地提供高质量的水质数据。

7.1.2 在线高频水质监测设备维护计划的制订和实施

在在线高频水质监测中，制订和实施一个有效的设备维护计划是确保长期监测成功的核心。一个周全的维护计划不仅涉及定期的物理检查和校准，还包括软件更新、数据验证和风险评估。这样的计划可以预防故障的发生，提高设备的性能，并保障监测数据的准确性和可靠性。

维护计划的第一步是确定监测设备的维护需求和维护频率。这通常基于设备制造商的推荐、历史维护记录和设备在特定监测环境下的表现。例如，一些传感器可能需要每月维护，而其他设备可能需要每季度进行一次全面维护。重要的是，维护计划应该灵活，能够根据设备的实际运行情况和环境条件进行调整。

维护计划应包括备件和替代设备的管理。这意味着需要具有必要的备件库存，如传感器膜片、电池和其他易损耗品，以及在关键设备出现故障时的替代方案。这种准备可以减少意外故障导致的监测中断时间。维护计划实施的另一个关键是培训和授权监测团队成员进行维护操作。这包括对团队成员进行正确的维护程序、故障诊断方法和安全操作规范的培训。团队成员的技能和知识是确保维护计划有效实施的重要因素。

监测项目的质量控制流程应包括对维护操作的记录和评估。这涉及记录每次维护的日期、执行的操作、发现的任何问题，以及评估维护操作对设备性能和数据质量的影响。这种记录不仅有助于追踪设备的维护历史，还可以为未来的维护计划提供宝贵的数据。

一个有效的设备维护计划是在线高频水质监测项目成功的重要组成部分。定期和系统的维护操作可以最大限度地减少设备故障，确保监测活动的连续性，从而为水质监测和环境管理提供坚实的技术基础。

在未来，随着低成本/低功耗传感器、无线传感器网络和相关硬件的发展，许多问题将得以解决。

7.1.3　在线高频水质监测设备故障的特殊和紧急情况的处理

在在线高频水质监测项目中，特殊和紧急情况下的设备故障需要快速而有效的应对策略。紧急情况可能包括极端天气事件、意外污染事故或设备的突发故障。这些情况要求监测团队能够迅速诊断问题，并采取措施以尽快恢复监测活动。

传感器可能产生低质量的数据，甚至由于许多原因完全失效。它们可能被自然现象，如洪水、火灾、雷击和动物活动，以及某些人类活动所破坏。当传感器没有得到正确的维护或在不合适的环境中操作时，它们也会发生故障。例如，电力的损失或供应不足会导致传感器网络故障。即使在传感器正常工作的情况下，传感器的数据也可能在传输过程中被破坏，原因包括恶劣的环境条件、电力供应不足、电磁干扰和网络拥塞等。

在单独的数据记录器（或其他数据采集系统）上安装复制传感器是非常好的预防措施，每个传感器都有独立的电源。

复制传感器除了将传感器故障造成的数据损失最小化，还可以用于检测校准漂移等细微异常，这些异常通常很难由单独的传感器来识别。随着时间的推移，由于腐蚀、疲劳和光降解等与年限相关，传感器组件会发生漂移。生物也会导致传感器漂移，这种情况在水下传感器中尤为常见，这种漂移可以通过定期清洗传感器来控制。通常，人们需要至少三个复制传感器来检测漂移。因为只有两个传感器时，人们很难确定哪个传感器正在漂移。与在每个位置同时部署多个复制传感器相比，使用流动参考传感器（即围绕网络中各个位置旋转的传感器）是一种成本较低的替代方案。

除了预防，建立一个有效的紧急响应计划也是处理特殊和紧急情况的关键。这个计划应当详细阐述在面对各种可能的紧急情况时的具体行动步骤。例如，如果监测区域遭遇洪水或暴风，响应计划应包括对设备的迅速检查、安全评估和必要的撤离操作。在污染事故发生时，紧急响应可能涉及增加特定污染物的监测频率，或者部署额外的监测设备以追踪污染物的扩散。

对于设备故障的快速诊断和排除是紧急响应的核心。监测团队需要具备足够的技能和知识来判断设备故障的原因，并采取合适的修复措施。例如，如果传感器失效可能是由于电池耗尽或传感器损坏，监测团队需要快速更换电池或修复传感器。在更复杂的情况下，如数据传输故障或软件问题，监测团队可能需要专业技术支持来解决问题。在确保监测活动的连续性上，备用设备至关重要。备用设备可以在原有设备出现故障时迅速投入使用，从而减少数据丢失的风险。这要求在监测项目中始终保持一定数量的备用设备，包括传感器、数据记录器和其他关键组件，并确保这些备用设备处于良好的工作状态。

在处理紧急情况下的设备故障时，与相关部门和机构的协作也很重要。在某些情况下，如大规模的环境污染事件，监测团队与当地环境保护机构、应急服务部门和其他相关机构的合作是必要的。这种合作可以为监测团队提供额外的资源和支持，如技术援助、额外的监测设备或实验室分析服务。

在线高频水质监测设备在特殊和紧急情况下的故障处理需要周全的计划、快速的反应能力和有效的协作机制。这些措施可以确保即使在面对特殊和紧急情况时，监测项目也能够维持其功能，继续提供关键的水质数据。

7.1.4 在线高频水质监测的技术升级和设备更新

在在线高频水质监测项目中，定期进行技术升级和设备更新是保持监测系统现代化和提高数据准确性的重要环节。环境监测技术的不断升级，新的传感器、分析设备和数据处理工具的引入可以显著提高监测效率和监测结果的质量。

设备更新的核心是评估现有监测设备的性能，并确定需要更新的设备。这涉及对设备的操作效率、数据准确性和维护成本的综合评估。例如，老旧的传感器可能需要更频繁的维护和校准，新型传感器可能提供更高的测量精度和更低的维护需求。所以，在进行设备更新时，监测团队需要考虑设备的兼容性、操作的简便性以及长期的维护成本。

技术升级也是监测升级的重要方面。这可能包括利用遥感技术进行大范围的水体监测，或者使用基于人工智能的数据分析工具来预测水质变化趋势。这些新技术可以提供更全面的视角，揭示传统方法无法捕捉的水质问题和趋势。除了硬件的升级，软件和数据处理工具的升级同样重要。随着人数据技术的发展，更先进的数据管理系统可以处理更大量的数据，具有更复杂的数据分析功能。例如，升级的数据管理软件可以支持实时数据分析，提供更直观的数据可视化，帮助监测团队更快地识别和响应水质问题。

进行技术升级和设备更新时，需要考虑监测团队的培训需求。新设备的引入往往伴随新的操作和新的技能要求，因此监测团队为团队成员提供适当的培训是必不可少的。这包括新设备的操作培训、软件使用指导，以及对新监测技术的了解。

定期进行技术升级和设备更新对于保持在线高频水质监测项目的有效性和准确性至关重要。通过不断升级技术和更新设备，监测团队可以提高监测效率，提供更准确和更全面的水质数据，从而更好地支持环境管理和决策。

7.1.5　在线高频水质监测的设备维护和更新日程

在在线高频水质监测项目中，有效的设备维护和更新日程是确保长期连续监测和数据可靠性的关键。这个过程需要综合考虑设备的运行环境、技术发展速度、预算限制和项目目标。一个周密的设备维护和更新日程不仅涉及定期的物理检查和功能测试，还包括对新技术的评估和对设备的逐步升级。

设备维护日程的制定基础是了解每种设备的具体维护需求和推荐维护频率。这通常需要人们仔细阅读制造商的维护指南和参考历史维护记录。

一些关键设备，如水质传感器和自动采样器，可能需要更频繁的检查和校准，以保证它们始终在最佳状态下运行。每项维护活动应详细记录，包括执行的维护操作、更换的部件和发现的任何问题，这有助于未来的故障诊断和维护计划优化。设备更新日程的制定应基于技术趋势和项目的长期目标。随着新技术的出现，定期评估现有设备的性能和新技术的潜在优势是必要的。例如，如果新型传感器能提供更高的精度或更广的监测范围，那么监测团队计划在未来的某个时间点升级这些设备是合理的。设备更新日程还应考虑预算限制和资金筹集计划，以确保所需资源的可用性。

设备维护和更新日程的有效执行还依赖监测团队成员的参与和协作。监测团队成员需要清楚地了解维护和更新日程，并承担相应的责任。定期的团队会议和培训可以帮助成员了解最新的维护标准和技术更新，确保他们具备执行这些任务的能力和知识。基于环境条件的变化和意外事件的可能性，设备维护和更新日程应具有一定的灵活性。例如，在极端天气事件发生后或发现潜在污染源时，监测团队可能需要临时调整维护计划，以应对新的挑战。一个有效的设备维护和更新日程是在线高频水质监测项目成功的基石。通过细致规划和灵活执行设备维护和更新日程，监测团队可以保持监测设备的最佳运行状态，确保监测数据的准确性和可靠性，从而为水资源的评估和管理提供坚实的技术支持。

7.1.6 在线高频水质监测设备性能的预防性维护策略

在在线高频水质监测项目中，预防性维护策略是确保设备长期稳定运行和维护数据质量的关键。预防性维护策略旨在定期检查和维护操作来预防设备故障，而不是仅在设备出现问题时才进行修复。这种方法不仅能减少突发故障的发生，还能显著延长设备的使用寿命，保证监测活动的连续性。

预防性维护策略的核心是制订和遵循一个详尽的维护计划。该计划应基于设备类型、使用频率和运行环境。例如，经常暴露在恶劣环境中的水质传感器可能需要更频繁的清洁和校准来确保准确性。对于那些复杂的监测设备，如自动采样器和多参数水质分析仪，定期检查其机械部件和电子系统是必要的，以预防潜在的机械故障或电子故障。预防性维护策略还包括对设备的环境适应性进行评估和调整。由于不同监测点可能面临不同的环境挑战，如腐蚀性水质或沉积物积聚，定期调整设备配置和保护措施可以减少环境因素对设备的影响。例如，为传感器安装防护罩或使用抗腐蚀材料可以减少外部环境对设备的损害。带有保护措施的水质悬浮物传感器如图 7-1 所示。

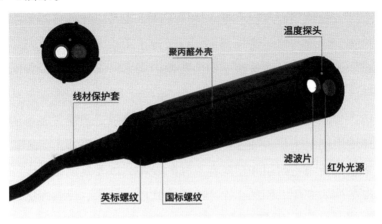

图 7-1　带有保护措施的水质悬浮物传感器

软件和固件的定期更新也是预防性维护策略的一部分。随着监测技术的发展，软件和固件的更新可以提供新的功能和改进，提高数据处理的效率和准确性。因此，确保监测设备运行最新版本的软件和固件是保持其最佳性能的关键。预防性维护策略的成功执行依赖监测团队的参与和培训。监测团队成员应接受有关设备操作、维护程序和故障诊断的全面培训，以确保能够正确执行维护任务，并在发现潜在问题时采取适当的行动。

通过实施周全的预防性维护策略，在线高频水质监测项目能够有效减少设备故障的发生，延长设备寿命，并确保所收集的数据准确可靠。这些维护措施对于保持监测系统的持续运行和提升监测活动的整体效果至关重要。

7.1.7 在线高频水质监测设备长期运行中的挑战的应对和管理

在在线高频水质监测项目中，对设备在长期运行过程中遇到的挑战的管理是确保持续、有效监测的关键。这些挑战可能包括设备的老化、环境条件的变化、技术发展带来的适应需求。应对这些挑战需要一个全面的策略，旨在保持监测设备的高性能，同时适应不断变化的监测需求和条件。

设备的老化是长期运行中的一个主要挑战。随着时间的推移，监测设备可能会因持续使用而出现磨损和性能下降。设备老化的应对策略包括定期维护检查、识别和修复磨损部件，以及逐步替换老旧设备。例如，定期更换传感器的敏感元件或升级老旧的数据记录器，可以保持设备的准确性和可靠性。

环境条件的变化也对设备长期运行提出了挑战。监测设备可能需要在多变的环境中稳定工作，如温度波动、水质变化或机械冲击。环境变化的应对策略包括使用更耐用和适应性更强的设备，以及定期调整设备设置以适应环境条件的变化。例如，在冰冷或高盐度水体中，设备在运行时可能需要特殊的防冻或防腐蚀措施。

技术发展带来的适应需求也是长期运行中的一个主要挑战。技术发展不仅能提高监测效率，还能提供更准确和全面的数据。例如，通过引入基于人工智能的数据分析技术，监测团队可以更有效地处理大量监测数据，揭示复杂的水质变化模式。监测技术的发展，需要监测团队不断学习和适应新技术。

在线高频水质监测设备长期运行中的挑战的应对和管理需要综合考虑设备维护、环境适应、技术发展。这些措施可以确保监测设备在面对不断变化的环境和技术要求时保持高效和准确，从而支持高质量的在线高频水质监测和环境管理决策。

7.2　在线高频水质监测系统性能的评估与优化

7.2.1　在线高频水质监测系统性能的评估

在在线高频水质监测系统中，系统性能的评估是至关重要的。这种评估确保了监测系统在各种环境条件下都能准确可靠地工作，及时发现并解决可能影响监测数据质量的问题。系统性能的评估不仅涉及硬件设备，还包括数据收集、传输和分析过程。

例如，国家对于水污染源在线监测仪器的运行技术有着专门的指标，如表 7-2 所示。[①]

表 7-2　水污染源在线监测仪器运行技术指标

仪器类型	技术指标要求	试验指标限值	样品数量要求
COD_{Cr} TOC 水质自动分析仪	采用浓度约为现场工作量程上限值 0.5 倍的标准样品	± 10%	1
	实际水样 COD_{Cr}<30 mg/L（用浓度为 20 ~ 25 mg/L 的标准样品替代实际水样进行测试）	±5 mg/L	比对试验总数应不少于 3 对。当比对试验数量为 3 对时应至少有 2 对满足要求；4 对时应至少有 3 对满足要求；5 对以上时至少需 4 对满足要求
	30 mg/L ≤实际水样 COD_{Cr}<60 mg/L	± 30%	
	60 mg/L ≤实际水样 COD_{Cr}<100 mg/L	± 20%	
	实际水样 COD_{Cr} ≥ 100 mg/L	± 15%	

[①]　中国环境监测总站，江西省环境监测中心站水污染源在线监测系统（COD_{Cr}、NH3-N 等）运行技术规范：HJ 355—2019[S]. 北京：中国环境出版集团，2019：6.

仪器类型	技术指标要求	试验指标限值	样品数量要求
NH₃-N 水质自动分析仪	采用浓度约为现场工作量程上限值 0.5 倍的标准样品	± 10%	1
	实际水样氨氮 <2 mg/L（用浓度为 1.5mg/L 的标准样品替代实际水样进行测试）	±0.3 mg/L	同化学需氧量比对试验数量要求
	实际水样氨氮 ≥ 2 mg/L	± 15%	
TP 水质自动分析仪	采用浓度约为现场工作量程上限值 0.5 倍的标准样品	± 10%	1
	实际水样总磷 <0.4 mg/L（用浓度为 0.2 mg/L 的标准样品替代实际水样进行测试）	±0.04 mg/L	同化学需氧量比对试验数量要求
	实际水样总磷 ≥ 0.4 mg/L	± 15%	
TN 水质自动分析仪	采用浓度约为现场工作量程上限值 0.5 倍的标准样品	± 10%	1
	实际水样总氮 <2 mg/L（用浓度为 1.5 mg/L 的标准样品替代实际水样进行测试）	± 0.3 mg/L	同化学需氧量比对试验数量要求
	实际水样总氮 ≥ 2 mg/L	± 15%	
pH 水质自动分析仪	实际水样比对	± 0.5	1
温度计	现场水温比对	± 0.5 ℃	1
超声波明渠流量计	液位比对误差	12 mm	6 组数据
	流量比对误差	± 10%	10 min 累计流量

　　评估系统性能的目的是确保监测设备和程序能够准确、有效地工作。它涵盖了传感器的准确性、数据采集系统的可靠性，以及数据处理软件的有效性等各个方面。这样的评估有助于及时发现问题，如设备老化、环境

变化对设备性能的影响，或者数据处理软件的不足。系统性能的评估应该包括对监测设备的物理检查、对数据质量的分析，以及对系统运行的评估。对监测设备的物理检查关注设备的状态和功能，如传感器的校准和硬件的完整性。对数据质量的分析关注收集数据的一致性和准确性。对系统运行评估涉及监测系统的有效性，包括采样频率、数据传输和存储等方面。

在评估过程中，需要迅速有效地解决发现的问题。这可能涉及技术调整、硬件升级或软件优化。例如，如果传感器读数不准确，可能需要重新校准或更换新的传感器；当软件出现问题时可能需要更新或优化数据处理软件。问题的解决不仅是技术调整，还是监测策略的优化，旨在提高整个系统的效率和准确性。

7.2.2 在线高频水质监测系统性能的优化

对于在线高频水质监测系统来说，性能的优化是一个持续的过程，旨在提高监测的准确性和效率。性能的优化涉及多个方面，包括技术升级、操作流程的改进，以及数据处理和分析方法的完善。

监测技术的不断进步使定期对监测设备进行技术升级变得越发重要。技术升级可能涉及引入更精确的传感器，以及更先进的数据处理软件等。例如，更精确的传感器可以提高测量的精度和稳定性，更先进的数据处理软件可以更有效地处理和分析收集的数据。

除了技术升级，监测系统的操作流程也需要不断改进。这包括简化数据收集过程、减少人为错误的可能性，以及提高整体的操作效率。例如，自动化采样程序可以减少人工干预，减少错误并提高数据收集的一致性和准确性。

数据处理和分析方法的完善是提高监测系统整体性能的关键。随着大数据和机器学习技术的发展，监测系统可以更加高效和精确地处理大量复杂的水质数据。通过完善数据分析算法，监测系统可以更准确地识别水质变化趋势和异常模式，为水资源管理提供更有价值的见解。

7.2.3　在线高频水质监测数据的长期管理和应用

在在线高频水质监测系统中，数据的长期管理和应用是至关重要的。这不仅关乎数据的存储和保护，还涉及如何利用这些数据支持环境决策和水资源管理。

持续和全面的数据管理是确保监测系统长期有效性的基础。这包括有效地收集、存储和保护监测数据，以防止数据丢失或损坏。数据的长期管理还要求对数据进行适当的分类和标注，确保未来的访问和使用都能高效便捷。随着时间的推移，监测系统积累的监测数据为深入分析和应用提供了丰富的基础。基于这些数据，监测团队可以进行详细的水质趋势分析、识别关键的影响因素，以及评估环境政策的效果。深入的数据分析不仅能为水质管理提供科学依据，还能帮助识别和预防潜在的环境风险。

监测数据不仅可以应用于科学研究，还在制定水资源管理策略和环境保护决策中发挥着关键作用。例如，监测数据可以用来评估特定污染源的影响，指导污染控制措施的制定，或者评估水体恢复项目的成效。面对环境变化和技术进步的挑战，监测数据的管理策略也需要不断适应和发展。这包括采用更先进的数据存储技术，如云存储和大数据平台，以及引入更高效的数据分析工具等，如人工智能和机器学习算法。这样的策略不仅能够提高数据管理的效率，还能增强对复杂水质问题的理解和预测能力。

7.3　在线高频水质监测系统在长期运行中的问题与解决方案

7.3.1　在线高频水质监测系统在长期运行中的问题

在线高频水质监测系统作为环境和工业应用中重要的技术手段，面临着多项长期运行中的问题。这些问题不仅影响系统的准确性和可靠性，还可能增加维护成本和操作复杂度。

　　系统持续稳定性是一个重要挑战。长期运行可能导致传感器和设备的性能退化，如传感器校准偏移、机械部件磨损和电子组件老化。这些问题可能导致数据准确度下降，甚至造成系统故障。为了保持系统的持续稳定性，定期的维护和校准至关重要。采用自校准技术的传感器和引入预测性维护策略可以显著减少这些问题的影响。

　　系统的长期运行对数据处理和管理能力是一种挑战。数据量的不断增长，可能使原有的数据处理和管理能力变得不足。数据处理方法可能需要更新，以适应长期运行的需求。因此，数据管理系统的升级和先进的数据处理技术是确保监测系统长期有效运行的关键。长期运行可能会伴随环境条件的变化，如气候变化和新的污染源出现。基于这种情况，监测系统可能需要调整以适应新的监测需求。这要求监测系统具有一定的适应性和灵活性，如能够调整监测参数或添加新的监测指标。技术更新和系统升级是长期运行中不可避免的挑战。随着新技术的不断出现，现有的监测系统可能变得过时。为了保持技术的先进性和竞争力，定期的技术更新和系统升级是必要的。这可能包括引入新的传感器技术、更新数据处理软件或改进通信系统。

　　想要确保在线高频水质监测系统在长期运行中保持高效和准确，人们需要对监测系统进行定期的维护和校准、数据管理系统的升级、环境适应性调整和定期的技术更新和系统升级。这些解决方案的实施可以有效应对长期运行中的挑战，保证系统的稳定性和可靠性。

7.3.2　在线高频水质监测系统的数据管理和分析优化

　　在在线高频水质监测系统的长期运行中，数据管理和分析的有效性对于保证系统整体性能至关重要。随着监测数据量的增长和环境条件的变化，这些系统数据分析能力的优化成了一个重点任务。

　　在长期运行中，随着时间的推移，数据量在不断增长。这些数据需要有效的管理和存储策略。现代化的数据管理系统不仅需要处理大规模的数据集，还应具备高效的数据检索和备份功能。云计算和大数据技术的引入可以显著提高数据管理和分析的能力。云存储解决方案能提供可扩展的存储空间和灵活的数据访问，大数据平台能支持复杂的数据分析。

数据分析方法的优化是提高监测系统性能的另一个关键方面。随着机器学习和人工智能技术的发展，这些先进的技术被越来越多地应用于监测数据的分析中。例如，机器学习算法能够从历史数据中学习和识别模式，预测未来的环境变化，帮助人们做出更准确的决策；数据可视化技术的应用能帮助管理人员更直观地理解数据，快速识别问题和趋势。

为了适应环境条件的变化和新的监测需求，在线高频水质监测系统的数据分析方法需要具备一定的适应性。这意味着分析模型应当能够根据新的环境数据自我优化。基于持续学习和适合的分析模型，监测系统可以更有效地应对环境变化，提高监测的准确性和时效性。

数据质量的控制和保证也是优化数据管理和分析的重要组成部分。数据质量控制措施，如定期校验和验证数据准确性的严格实施，可以减少错误和偏差；数据清洗和预处理算法的开发和实施可以提高数据的质量，确保分析结果的可靠性。所以，在线高频水质监测系统的数据管理和分析优化是确保监测系统长期有效运行的关键。采用现代化的数据存储解决方案、引入先进的数据分析技术，并持续改进数据质量控制，可以大幅提升系统的数据分析能力。

7.3.3　在线高频水质监测系统环境适应性的提升

为了有效应对环境变化和满足不断变化的监测需求，在线高频水质监测系统环境适应性的提升成为一项重要任务。环境适应性不仅涉及监测系统对外部条件的响应能力，还包括监测系统在面对不同监测场景时的灵活性和可调整性。本部分将深入探讨如何通过技术创新和系统设计来提高在线高频水质监测系统的环境适应性，确保其在多变环境中的稳定运行和数据准确性。

技术创新也是提升环境适应性的一个重要方向。随着新材料和新技术的发展，如更耐用和更灵敏的传感器、更强大的数据处理能力和更可靠的通信技术，监测系统能够更好地适应复杂和变化的环境条件。例如，无线传感网技术的应用可以提高数据收集的灵活性和覆盖范围，人工智能和机器学习算法的应用可以帮助系统自动识别和适应环境变化。

系统设计的灵活性是提升环境适应性的关键。这意味着监测系统不仅要在标准条件下运行，还要适应极端气候、不同的地理位置和多样的环境条件。例如，水质监测系统能够在不同水体类型（如河流、湖泊、海洋）和不同水质条件（如混浊度、化学成分浓度）中稳定运行的能力是至关重要的。这可能需要在设计系统时考虑选择多样化的传感器、自动校准机制以及防护措施，以适应不同的监测环境。

系统的可扩展性和模块化设计也是提升环境适应性的有效途径。可扩展性确保系统能够随着监测需求的增加而增加更多的监测点或功能，模块化设计允许系统针对特定的监测任务进行快速调整和优化。这样的设计不仅提高了系统的适应性，还降低了升级和维护的成本。

7.3.4　在线高频水质监测系统的技术升级和维护策略

为了确保在线高频水质监测系统在长期运行中的有效性和可靠性，技术升级和维护策略的实施至关重要。这些策略不仅涉及对现有系统的定期检查和维修，还包括对新技术的及时采纳和对系统的持续优化。

技术升级是保持系统先进性和有效性的关键。随着传感器技术、数据处理算法和通信技术的不断发展，系统硬件和软件组件的定期升级是必须的。例如，升级至更高精度的传感器可以提高数据的准确性，采用更先进的数据分析软件可以提高处理速度和分析的深度。升级通信设备至最新标准可以增强数据传输的可靠性和速度。

系统维护策略需要考虑监测系统的各个方面，包括硬件检查和维修、软件更新和校准服务。定期对传感器和其他硬件组件进行检查和维修，可以及时发现和修复潜在的问题，避免系统故障。软件更新不仅涉及安全性修复，还包括性能的改进和新功能的添加。定期校准是确保数据准确性的重要步骤，特别是对于那些对环境变化敏感的传感器。在维护策略的制定中，预测性维护和智能维护方法越来越受到重视。预测性维护通过分析系统运行数据来预测潜在的故障，从而在问题发生之前进行干预。智能维护系统可以自动监测设备的状态并生成维护报告，提高维护工作的效率和准确性。环境监测需求的增加和监测技术的快速发展，对在线高频水质监测系统的技术升级和维护策略提出了更高的要求。有效的升级和维护策略，不仅能够提高监测系统的性能和可靠性，还能延长监测系统使用寿命，确保获得长期的投资回报。

7.3.5　在线高频水质监测系统社会认可度的提高

在在线高频水质监测系统的长期运行中，适应并遵循相关的法律法规和标准是确保监测系统有效性和提高其社会认可度的重要方面。随着环境保护法律法规的不断完善和标准的更新，监测系统需要不断适应这些变化，以保证其数据和操作符合最新的法律法规和标准。

系统的设计和运营必须遵守相关的环境保护法律法规和行业标准。这包括数据收集的准确性、设备的安全性和环境影响等方面的法律法规。例如，某些法律法规可能要求对特定污染物的监测有特定的精度和频率，或者对设备的放置和运行有特定的环境保护标准。因此，监测系统的设计和运营需要不断更新，以符合这些标准和法律法规。

监测系统需要适应不断出现的新法律法规和标准，如引入新的监测技术和方法，或者更新数据处理和报告的方式。这不仅确保了监测活动的合法性，还提高了数据的可信度和权威性。与标准制定机构的密切合作对于监测系统的适应性至关重要。通过参与相关的讨论和标准制定过程，监测系统的开发者和运营者可以更好地理解即将到来的变化，提前做好准备。这也为他们提供了展示技术和专业知识的机会，增加了他们在行业中的影响力和社会认可度。监测系统社会认可度提高的关键是透明和积极的沟通策略。通过公开监测数据和方法、参与公众教育和讨论，监测机构可以建立公众的信任和支持。这不仅提高了监测数据的透明度和可接受度，还有助于提升公众对环境问题的意识和参与度。

适应并遵循相关的法律法规和标准是在线高频水质监测系统长期运行的基础。通过不断更新系统以符合最新的法律法规要求和标准，监测系统不仅可以保证其操作的合法性，还可以提高监测系统的社会认可度和影响力。

7.3.6　在线高频水质监测系统的技术创新和技术进步

由于环境变化的加剧和监测需求的多样化，在线高频水质监测系统面临着未来挑战和需求的不断变化，为了有效应对这些挑战，不仅需要维护当前的系统并确保法律法规的适应性，还离不开持续的技术创新与技术进步。

技术创新是应对未来挑战的关键。随着科技的不断进步，新的监测技术、数据处理算法和通信方法正在不断被开发。例如，人工智能和机器学习的应用在数据分析和预测方面展现巨大潜力，能够提高数据处理的准确性和效率；物联网技术的发展使远程实时监测成为可能，提高了监测系统的覆盖范围和响应速度。

由于环境和监测需求的变化，监测系统需要不断适应新的监测标准和监测目标。例如，气候变化和新兴污染物的出现要求监测系统能够适应更广泛的环境条件和监测更多类型的污染物。这需要监测系统具备更高的灵活性和扩展性，能够快速适应新的监测需求和环境。

监测系统的可持续性是未来发展的重要考虑因素。基于全球对可持续发展的重视，监测系统需要在保证性能的同时，减少对环境的影响。这包括使用更环保的材料、减少能源消耗和提高系统的整体效率。例如，监测系统采用太阳能或其他可再生能源来供电，这样不仅减少了对环境的影响，还提高了系统在偏远或难以接入电网的地区的适用性。随着社会对环境问题的认识不断提高，公众参与程度和社会接受度成为监测系统发展的重要方面。系统透明度的增加、易于理解的数据展示和公众教育的加强，可以提高社会对监测系统的认可度和参与度。这不仅有助于提升公众对环境问题的意识，也为环境政策的制定和执行提供了更广泛的支持。

在面对未来的挑战和需求时，在线高频水质监测系统需要持续的技术创新、系统适应性的提升、可持续性的加强以及公众参与度的增加来不断提升监测系统性能和适应性。这些努力将使在线高频水质监测系统在未来能够更有效地应对环境变化，为保护环境和促进可持续发展提供关键的支持。

7.4　在线高频水质监测系统的技术升级
与未来适应性

7.4.1　在线高频水质监测系统技术升级的重要性

在在线高频水质监测领域，技术升级对于保持监测系统的有效性和适应性至关重要。随着新技术的出现和环境监测需求的变化，监测系统必须不断优化，以确保其能够有效地捕捉水质的变化，并提供准确可靠的数据。技术升级不仅包括硬件设备的更新，如传感器和数据记录器，还包括软件和数据分析工具的改进。

监测系统的技术升级需要基于对现有系统性能的全面评估。这包括分析设备的准确性、可靠性、维护需求以及操作的便利性。例如，若目前使用的溶解氧传感器需要频繁校准或维护，那么监测团队可能需要考虑采用新型传感器，这些新型传感器可能具有更长的校准间隔和更高的数据稳定性。技术升级应考虑最新的环境监测趋势和技术进展。新的监测技术，如遥感技术、无人机监测或基于云计算的数据分析平台，为水质监测提供了新的可能性。这些技术能够提高监测的空间和时间分辨率，捕捉更细致的水质变化，并提供更深入的分析和预测。技术升级的实施需要考虑监测团队的培训需求和系统的兼容性。新技术的引入往往伴随着新的操作和维护技能要求，因此为团队成员提供适当的培训是必不可少的。新设备和工具需要与现有系统兼容，以确保数据的连续性和整体监测策略的一致性。

技术升级是提升在线高频水质监测项目效果和适应性的关键。新技术的不断引入和设备的不断更新可以提高监测效率，为监测团队提供更准确和全面的数据，从而更好地支持环境管理和决策。

7.4.2　评估新技术在在线高频水质监测中的适应性和价值

在在线高频水质监测项目中，监测团队在选择合适的新技术进行升级时需要对新技术潜在价值和适应性进行细致的评估。新技术的引入不仅应基于其提高监测效率和准确性的能力，还要考虑其与现有系统的兼容性、操作的复杂度和长期维护的可行性。

新技术的评估需要确定其能够带来的具体改进。例如，新一代的传感器可能具有更高的测量精度、更低的能耗或更强的耐环境干扰能力。新技术的评估需要考虑新技术对捕捉关键的水质参数的帮助，这是非常重要的。这种评估可以确定新技术是否能够明显提升监测项目的质量和效率。新技术的适应性评估需要考虑其在特定监测环境中的性能和可靠性。监测环境的多样性，如河流、湖泊或城市水体，要求新技术具有足够的灵活性和适应性。例如，在流动性强的河流中，监测团队需要能够抵抗水流冲击的稳定传感器；在城市水体中，监测团队需要更注重传感器对化学污染物的敏感性。除此之外，新技术的评估还需要考虑其与现有系统的兼容性和整合需求。监测团队引入的新设备或软件应能够无缝整合到现有的监测系统中，应避免出现数据不连续或系统不兼容的问题。这可能涉及软硬件接口的匹配、数据格式的统一和监测协议的调整。长期运行成本和维护需求也是评估新技术需要考虑的关键方面。虽然某些新技术可能在初始购置成本上较高，但如果它们能够减少长期的维护需求或提高数据收集的效率，从整体上看仍然是划算的。因此，全面的成本效益分析是选择新技术的重要组成部分。

对新技术进行全面的评估，可以确保选用的新技术真正符合在线高频水质监测项目的需求，为实现更高效和更准确的水质监测提供支持。

7.4.3 实施在线高频水质监测项目中的技术升级策略

在在线高频水质监测项目中，技术升级策略的实施是一个复杂的过程，涉及多个方面的考虑和筹划。成功的技术升级不仅需要详细地规划和资源配置，还需要考虑升级过程中的潜在挑战和风险。

一个详细的技术升级计划应包括对新技术的需求分析、成本估算以及人员培训的安排等。例如，在计划引入新型的溶解氧传感器时，监测团队需要评估这些新传感器与现有系统集成的方式、预计的成本和预期的性能提升。监测团队需要制定一个时间规划表，以确保技术升级的各个阶段都能按时完成。在资源的有效配置方面，监测团队需要确保有足够的财力来购买新设备和新软件，确保有足够的人力资源来执行升级工作和后续的维护。在预算方面，监测团队有时可能需要寻找额外的资金来源，如政府补助或私人投资，以支持技术升级。在人力资源方面，监测团队需要培训现有团队成员或招募新的技术专家来完成技术升级工作。

升级过程中的风险管理也是一个重要的考虑点。技术升级很多时候会伴随数据兼容性问题、设备故障或操作错误的风险。因此，制订一个风险管理计划，包括备份现有数据、进行设备测试和准备应急方案，是非常有必要的。例如，监测团队在升级前进行小规模的试验和测试可以帮助评估新技术的性能和稳定性，从而减少全面升级时的风险。技术升级的实施需要考虑团队成员的培训和适应。新技术的引入可能要求团队成员掌握新的操作技能和维护知识。因此，需要给监测团队提供适当的培训和技术支持，以确保能够有效地使用新技术。

在线高频水质监测项目中的技术升级需要周密的规划、资源配置、风险管理和团队培训来实施。这些措施可以确保技术升级的过程顺利进行，从而提升监测系统的性能和监测数据的质量。

7.4.4　整合新兴技术以提升在线高频水质监测效率和增强数据分析深度

在在线高频水质监测项目中，整合新兴技术是提升监测效率和增强数据分析深度的关键。一些新兴技术，如高级传感器、遥感技术、人工智能和大数据分析技术，能够为水质监测提供更广阔的视野和更深入的洞察。

高级传感器技术的引入可以显著提高监测数据的质量和频率。例如，高级传感器能够更准确地监测水体中的化学成分、生物指标和物理参数。通过使用这些高级传感器，监测项目可以获取更详尽的水质数据，从而使人们能更好地理解水体的健康状况。遥感技术就是新兴技术的一种，遥感技术的应用为监测团队提供了从宏观角度监测水体的能力。结合地面监测数据，遥感技术可以帮助监测团队识别大范围的水质问题，如污染物的空间分布和水体的长期变化。人工智能和大数据分析技术的应用正在改变水质监测的数据处理方式。例如，基于大量历史数据的预测模型，监测团队可以预测污染事件的发生或评估水质改善措施的效果。

整合新兴技术的过程也需要考虑系统的兼容性和数据的整合性。新兴技术需要与现有的监测系统无缝集成，确保数据的连续性和一致性。这可能涉及升级数据管理系统、改善数据传输方法和优化数据存储结构。这些新兴技术的应用不仅提升了监测数据的质量和应用价值，还为水质管理和环境保护提供了更强大的支持。

7.4.5　技术培训和团队建设在适应新技术的引入和系统升级中的作用

为了有效地适应在线高频水质监测项目中新技术的引入和系统的升级，技术培训和团队建设是至关重要的一步。这一步骤可以确保监测团队不仅具备操作新技术的技能，还能够理解这些技术背后的原理和数据分析的深层含义。

技术培训的主要目标是提高团队成员对新技术的操作熟练度和理解程度。这包括新设备的物理操作、数据采集、处理和分析的相关知识。例如，当引入新型水质传感器时，团队成员需要了解如何正确安装和校准这些传感器，以及如何解读由它们收集的数据。当采用基于云计算的数据分析平台时，培训应涵盖如何有效地上传、存储和分析大量数据。

团队建设的重点是促进团队成员之间的协作和知识共享。新技术的引入往往需要团队成员具有不同的专业技能和知识，如环境科学、工程技术和数据分析等。而团队建设活动可以加强团队成员之间的沟通和协作，促进跨学科知识的交流。这不仅有助于提升个人技能，还能增强团队作为一个整体解决问题的能力。

有效的技术培训和团队建设的实施需要考虑个体差异和学习需求。不同团队成员的背景和经验可能差异较大，因此提供定制化的培训计划是重要的。对于技术背景较强的成员，培训重点可以放在高级数据分析技能上，而对于环境科学背景的成员，培训可能更侧重监测设备的环境适应性和数据解读。监测技术的快速发展需要团队成员持续更新他们的知识和技能。这会涉及参加专业研讨会、在线课程或工作坊，以及与行业专家和学术机构的交流合作。

技术培训和团队建设的实施可以确保团队成员具备必要的技能和知识，能有效地使用新技术，并将其应用于水质监测和环境管理。

7.4.6　管理技术升级中的预算和资源分配挑战

在在线高频水质监测项目中，技术升级的实施往往有着预算和资源分配上的种种挑战，所以如何有效管理这些挑战是确保技术升级顺利进行和实现项目目标的关键。

制订一个实际且周密的预算计划是管理预算挑战的第一步。这个计划需要包含所有预期的开支，如新设备购置费用、旧设备升级成本、软件许可费、培训费用和可能的运营成本增加等。基于技术升级可能带来的长期经济效益，如运营成本的降低和数据质量的提升，监测团队可以制定更全面的预算策略。为保证资金足够，寻找额外的资金来源也是应对预算挑战的一个重要方面。这可能包括申请政府补助、寻求私人投资、合作伙伴资助或公共众筹等方式筹集资金。例如，某些环境保护项目可能符合政府的补助资格，而与私人企业的合作可能会为技术升级提供额外的资金和资源。

资源分配的有效管理要求监测团队综合考虑项目的各个方面。这涉及在必要的设备升级和团队培训之间合理分配资源，以及在保持项目运行和追求技术创新之间取得平衡。例如，在购买最先进的设备和维持现有设备的运行之间，监测团队往往需要经过多重考虑之后做出选择，在投资新软件开发和优化现有流程之间有时也需要权衡。由于技术升级可能对项目运行造成短期影响，应急资金的准备和备用资源计划制订也是必要的。这可以确保在升级过程中出现意外情况时，项目能够继续运行，不会因为资金或资源的短缺而中断。

在有效管理技术升级中，预算和资源分配挑战需要细致的规划、灵活的策略和多元化的资金来源。这些措施可以确保在线高频水质监测项目在进行必要的技术升级的同时，保持财务的稳定性和项目的连续性。

7.4.7　实施持续的技术监控和评估以优化在线高频水质监测项目

在在线高频水质监测项目中，对技术的持续监控和评估是确保技术升级达到预期效果的关键。这不仅涉及评估技术在提高数据质量和监测效率方面的表现，还包括监控其长期性能和与现有系统的兼容性。持续地监控和评估可以确保技术升级有效地支持项目目标，并在必要时进行调整和优化。

持续的性能监控对于评估技术的实际效果至关重要。这包括定期检查设备的操作稳定性、数据准确性和维护需求。例如，如果传感器被引入监测网络，需要定期评估它们是否能够稳定地提供准确的水质数据，并监测它们是否频繁需要校准或维护。这种持续监控可以及时发现问题，并根据需要调整操作程序或进行技术优化。与现有系统的兼容性评估是确保新技术顺利整合的关键。这涉及监控新技术与现有数据管理系统、分析工具和监测流程的兼容性。任何兼容性问题，如数据格式不一致或传输中断，都需要及时识别和解决。例如，新的数据分析软件需要能够无缝处理由不同类型传感器收集的数据，并与现有的数据库兼容。评估新技术对整体项目成本和资源分配的影响也包括分析新技术是否带来了运营成本的节约，或者是否需要额外的资金投入来支持其持续运行。对这些经济影响的评估可以确保技术升级在财务上是可行的和可持续的。

定期的技术评估报告和反馈机制是优化技术升级的关键。这些评估报告应基于收集的性能数据和用户反馈，为监测团队提供对新技术效果的全面分析。监测团队需建立一个反馈机制，让团队成员和利益相关者能够提供关于新技术使用体验的反馈，这有助于识别进一步优化的机会。

通过实施持续的技术监控和评估，在线高频水质监测项目可以确保技术升级有效地支持监测目标，同时保持项目的适应性和可持续性。这种持续的评估和优化过程确保项目能够充分利用新技术的优势，提高水质监测的质量和效率。

第 8 章　在线高频水质监测的发展方向

8.1　新技术在在线高频水质监测中的应用

8.1.1　新技术在在线高频水质监测中的作用概述

新技术在在线高频水质监测领域中扮演着越来越重要的角色。这些技术不仅提高了监测的效率和精确度，还拓宽了监测的范围和深度。从先进的传感器技术到远程监测技术，再到大数据和人工智能，新技术正在彻底改变水质监测的面貌。

在在线高频水质监测领域，先进的传感器技术比旧技术具有更高的灵敏度和更广的检测范围。这些传感器能够检测微量污染物，还能对多种水质参数进行实时监测。例如，纳米传感器可以高效检测重金属和有机污染物，而光谱传感器能够迅速识别水体中的生化组成。

远程监测技术使在线高频水质监测系统可以在更广阔的区域进行连续监测，而无须进行烦琐的现场采样。无人机技术使无人机搭载的监测设备可以覆盖偏远或难以到达的区域，为监测团队提供实时的水质数据。这些技术特别适用于大规模的水体，如湖泊和河流的监测。

例如，Graham 等将通过无人机采集的大量参数（pH、溶解氧、温度、电导率、碱度、硬度、真色、氯化物、二氧化硅、氨、总氧化氮、亚硝酸盐、硝酸盐、正磷酸盐、总磷和叶绿素）的水化学结果与在该湖泊中乘船采集的样品进行了比较，如图 8-1 所示。[①] 这里使用的无人机辅助取水能收集足够大体积的水，以满足大规模水监测计划的要求。无人机辅助取水可取 2 L 水，成功率为 100%。最重要的是，无人机辅助取水的水化学结果与使用传统船人工手动取水没有显著差异。因此，这项研究表明，无人机技术可以用来收集湖泊的水化学数据和样本，比传统的船只采样更可靠、更快速、更经济，对人员更安全，造成的生物安全风险更小。

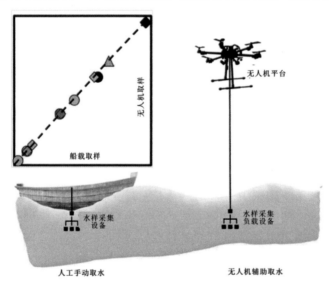

图 8-1　无人机辅助取水与人工手动取水的比较

大数据和人工智能在处理和分析海量的水质监测数据方面发挥着重

① Graham C T, O'Connor I, Broderick L, et al. Drones can reliably, accurately and with high levels of precision, collect large volume water samples and physio-chemical data from lakes[J]. Science of the Total Environment, 2022, 824: 153875.

要作用。大数据可以从复杂的数据集中提取有价值的信息，识别水质变化的趋势。人工智能可以用于预测未来的水质状况，为水资源管理和环境保护决策提供支持。这些新技术的应用使在线高频水质监测正在变得更加智能、高效和全面。

8.1.2 先进的传感器技术在在线高频水质监测中的应用

在在线高频水质监测中，先进的传感器技术的应用是实现高效、精确监测的关键。这些传感器能够提供快速、准确的数据，帮助环境科学家和决策者更好地理解和管理水资源。

纳米传感器被设计用于高效率、多功能和高灵活性的传感应用。许多现有的纳米传感器具有实现这些目标的能力。它们需要进一步发展为消费者和操作人员友好的工具。纳米传感器在检测微量污染物方面尤为有效。这些传感器能够识别和量化极低浓度的重金属和有机污染物，如铅、汞或农药残留。纳米传感器的高灵敏度和快速响应时间使实时监测成为可能，极大提高了水质监测的效率和准确性。具有代表性的光、电、磁纳米传感器平台实例如图 8-2 所示。[①]

光谱传感器可以快速识别水体中的化学成分和生物成分。通过分析水样的光谱特征，监测团队可以迅速得到有关水体状况的详细信息。例如，紫外 - 可见光谱传感器可以检测水中的有机物含量，红外光谱传感器能用于识别特定的化学物质。紫外 - 可见光谱和荧光光谱等光学方法是原位水质监测的成熟分析技术。监测团队可以使用这些光学方法检测不同浓度范围的各种生物和化学污染物。Goblirsch 等开发了一种潜水式传感器探头，其原理及外形分别如图 8-3 所示。这种潜水式传感器探头结合了紫外 - 可见光谱和荧光光谱以及灵活的数据处理平台。[②] 直径为 100 mm 的

————————

① Vikesland P J. Nanosensors for water quality monitoring[J]. Nature Nanotechnology，2018，13（8）：651-660．

② Goblirsch T，Mayer T，Penzel S，et al. In Situ Water Quality Monitoring Using an Optical Multiparameter Sensor Probe[J]. Sensors，2023，23（23）：9545．

防水外壳允许其在地下水监测井中应用。传感器构建了一个发光二极管阵列作为荧光光谱的光源，可以配备四个不同的发光二极管。该传感器探头采用小型氙 – 钨光源（200 ～ 1100 nm）进行紫外 – 可见光谱分析。光谱在 225 ～ 1000 nm 的小型光谱仪可以检测两种方法的完整光谱。

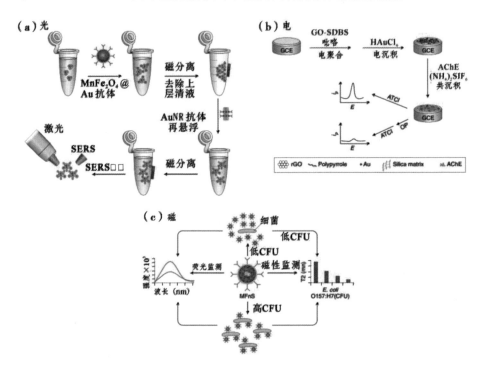

图 8-2　光、电、磁纳米传感器平台

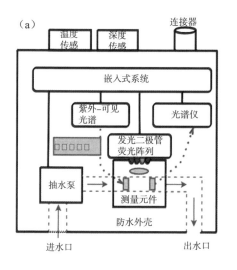

图 8-3　紫外 / 可见和荧光光谱传感器

在过去的几年中，人们开发了几种具有不同构象的平面微波传感器，在平面传感结构之间，有一种新型的平面传感元件。这个传感元件上有交错排列的电极，这些电极上有银、金或铜的金属图案，用于分析水中的物质。准备 20 mL 去离子水，在其中加入不同浓度的氯化钠后，微波光谱部分是如何变化的，如图 8-4 所示。

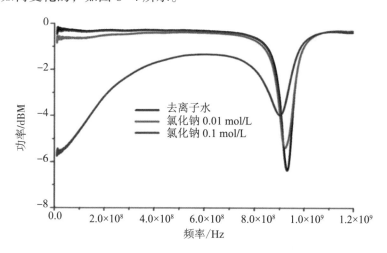

图 8-4　去离子水和 2 种浓度氢化钠的微波光谱

现代传感器不仅能提供高精度的监测数据，还具备实时传输数据的能力。这意味着监测数据可以立即被传输到数据库或分析平台，实现快速的数据处理和决策支持。这种实时监测的能力对于应对突发水质事件，如污染泄漏或藻华暴发，至关重要。基于这些先进的传感器技术，在线高频水质监测系统可以更加精准和快速地响应各种水环境变化，为水资源管理和环境保护提供强有力的数据支持。

8.1.3　远程监测技术在水质监测中的应用

远程监测技术，包括无人机和卫星遥感，这为在线高频水质监测提供了新的维度。这些技术能够覆盖广阔的区域，提供实时或准实时的监测数据，极大地扩大了监测的范围和提高了效率。

无人机已成为在线高频水质监测的一个重要工具。它们可以搭载各种传感器，如光谱传感器和热成像仪，对特定水域进行高精度的监测。无人机的灵活性使其能够在人们难以到达的地区进行监测，如偏远的湖泊和河流。无人机能够在短时间内覆盖大面积区域，还能提供关于水质状况的快速反馈。搭载光谱分析仪的无人机实例如图 8-5 所示。

图 8-5　搭载光谱分析仪的无人机

卫星遥感为大范围的水质监测提供了可能。通过分析从卫星传回的数据，监测团队可以监测水体的表面温度、叶绿素含量、悬浮物质浓度等参数。这些信息对于理解大型水域的水质状况非常有价值。卫星遥感尤其适用于监测大湖泊、河流系统和海洋的水质。远程监测技术收集的数据需要高级的数据分析方法来处理和解读。这些数据可以用于建立水质变化的模型，评估环境政策实施的效果，或者预测未来的水质变化趋势等。通过利用无人机和卫星遥感，在线高频水质监测不仅能够覆盖更广阔的区域，还能提供更深入的洞察，为水资源管理和环境保护提供重要支持。

8.1.4　大数据和人工智能在在线高频水质监测中的应用

如今，大数据和人工智能已成为水质监测领域的关键技术。这些技术可以处理和分析大量复杂的水质数据，为监测团队提供深入的洞见，并支持更有效的水资源管理和决策过程。

在水质监测中运用大数据技术能够整理很多数据，这些数据包括传感器收集的数据、历史水质记录数据、气象信息等。通过整合和分析这些数据，监测团队可以更好地理解水质的长期变化趋势和模式。例如，大数据分析可以揭示某个区域内水质变化的季节性模式，或者识别特定污染源的影响。

人工智能，特别是机器学习，在水质数据的分析中发挥着越来越重要的作用。这些算法可以从复杂的数据集中学习和识别模式，预测水质的变化，并支持决策的制定。例如，监测团队利用机器学习可以预测特定区域的藻华发生概率，或者评估不同污染治理策略的效果。人工智能在在线高频水质监测中的应用潜力不仅包括提高数据分析的准确性和效率，还包括自动化监测流程、实时响应污染事件，并支持复杂决策过程。例如，人工智能可以通过分析实时监测得到的水质数据，自动识别污染事件，并触发相应的警报和采取应对措施。

8.1.5　总结与展望

大数据和人工智能的不断进步，使水质监测领域正迎来前所未有的变革。这些技术为水质监测提供了更高的精度、更广的范围和更深的洞察，预示着未来水质监测技术的发展方向。

大数据和人工智能技术在未来水质监测中的集成将更加深入。通过汇集和分析来自传感器、卫星、无人机以及以往的大量数据，监测团队可以更全面地理解和预测水质变化。机器学习和深度学习模型将成为处理这些大数据并从中提取有价值信息的核心工具。未来，人工智能将不仅用于数据分析，还将用于构建预测模型和提供智能决策支持。这些模型能够预测水质变化的趋势，有利于制定更有效的水资源管理策略和环境保护措施。例如，人工智能可以预测污染事件的发生，为监测团队提供及时的预警，从而降低环境和健康风险。

在线高频水质监测系统的自动化和实时监测能力将进一步增强。自动化的数据收集和分析流程将减少人为干预，从而提高数据收集的效率和准确性。实时监测和响应系统将使水质管理更加迅速和有效。未来在线高频水质监测还将更加注重公众参与和数据共享。公众和研究机构可以在开放的数据平台上访问水质数据，促进科学研究和社区参与。这种透明和共享的数据策略将有助于提高公众对水资源问题的认识，激发更广泛的社会参与和创新。在对这些先进技术整合后，未来的在线高频水质监测系统将更加智能、高效，从而更好地为全球水资源的可持续管理和环境保护做出重要贡献。

8.2 水中溶解性气体的在线高频监测

8.2.1 水中溶解性气体监测的重要性

在在线高频水质监测领域，对水中溶解性气体的监测是一个关键环节，它对于理解水生生态系统的健康状况、污染水平以及气候变化的影响至关重要。溶解性气体，如氧气、甲烷和二氧化碳等，其浓度的变化能够提供水质变化的重要线索，对于生态学研究、环境监测和水资源管理具有重大意义。

　　溶解氧是水质监测中最常见的参数之一。它不仅是水生生物生存的基础，其浓度的变化还可以反映水体的污染程度和生态状况。例如，过低的溶解氧水平可能表明水体中有机污染物过多，导致了生化需氧量的增加。测定溶解氧的传感器有很多种类，一种常见的如图 8-6 所示。

图 8-6　一种常见的溶解氧测定传感器

　　除了氧气和二氧化碳，甲烷作为一种强效温室气体，监测其在水中的含量对于环境科学家来说同样具有重要意义。在某些污染的水体中，如受到有机物污染的湖泊或河流，甲烷的产生可能会增加，这不仅影响水质，还可能对气候变化产生影响。

　　水中二氧化碳的监测对于理解全球碳循环和气候变化的影响也非常重要。水体是地球上重要的二氧化碳存储地，水体能够吸收大气中的二氧化碳。[1][2] 监测水中二氧化碳的浓度有助于评估气候变化对水生生态系统的影响，并为碳循环的研究提供数据支持。

---

[1]　闫志为，韦复才 . 地下水中 CO_2 成因分析 [J]. 中国岩溶，2003，22（2）：118-123.

[2]　俞建国，杜文越，王华，等 . 岩溶碳汇效应研究中"碳"测定的不确定度分析——以溶解性无机碳为例 [J]. 中国岩溶，2012，31（3）：333-338.

8.2.2 水中溶解性气体甲烷的监测方法

甲烷是地球上温室气体的一种，其变暖效应要高于二氧化碳。海洋中的甲烷主要由有机物分解产生。甲烷以溶解的、气态的、水合的或吸附的形式存在。在海洋中，甲烷通过扩散或平流的方式迁移。在一些海域，甲烷气体主要来自海底沉积物中的天然气水合物层，甲烷从大陆架和海洋斜坡上的地下甲烷储层扩散到海底。天然气水合物对温度或压力的变化非常敏感。近年来，潮汐引起的压力变化或全球海洋温度的持续上升降低了海底沉积物中天然气水合物的稳定性。这导致甲烷水合物不断分解或溶解，大量甲烷气体释放到海水中，海水中溶解的甲烷浓度异常。

在海水中，一部分甲烷气体被海水中的微生物分解消化。这种分解过程需要海水中大量的氧气，会产生大量的二氧化碳，从而加剧海洋酸化，影响全球海洋生态系统和碳循环系统的总碳量。另一部分甲烷气体通过气海交换释放到大气中，对全球变暖有重要影响。天然气水合物（甲烷的能源来源）近年来被认为是一种潜在的高效、最清洁的化石燃料。甲烷燃烧仅产生二氧化碳和水，并不产生有害气体，而甲烷燃烧产生的碳量是所有化石燃料的两倍。海水甲烷浓度异常变化的检测对天然气水合物储层的发现具有重要意义。

过去大多数甲烷测量是基于间接或离散的样本测量。传统的溶解甲烷检测方法主要是基于气相色谱法对采集的离散水样进行分析。但是，这样的方法容易使样品被污染，或者在样品采集和保留过程中甲烷会逸出，从而导致检测结果的误差。近年来，气泡捕集器测量和水声成像方法已经发展起来，可以得到甲烷流量。例如，Weber 等研究了一种估算海底甲烷气体通量的方法。[①] 这种方法基于声学制图，结合多波束和分束回声测深仪对甲烷气体通量进行估算，如图 8-7 所示。

---

① Weber T C, Mayer L, Jerram K, et al. Acoustic estimates of methane gas flux from the seabed in a 6000 km² region in the northern gulf of mexico[J]. Geochemistry, Geophysics, Geosystems, 2014, 15: 1911-1925.

图 8-7　多波束和分束回声测深仪

Jordt 等报道了一种立体相机深海传感器，用于观察海洋气体释放部位。[①] 该系统可以为声学测量提供气泡大小分布或通量。然而，这些传感器只能检测游离气体渗漏中的甲烷，无法绘制溶解甲烷的分布。

传感器可以实现溶解甲烷的实时监测，如基于半导体气敏材料的电化学电导率传感器、基于红外吸收光谱的光学传感器、拉曼光谱和质谱传感器。其中，电化学电导率和离轴积分腔输出光谱技术已在市场上得到应用。

采用半导体气敏材料的电化学电导率传感器的工作原理是当甲烷通过气液分离膜到达半导体探头（如二氧化硅）表面时，甲烷在加热电压下与氧气发生电化学反应，使二氧化硅的电导率发生变化，从而测量甲烷的浓度。电化学半导体甲烷传感器的结构如图 8-8 所示。

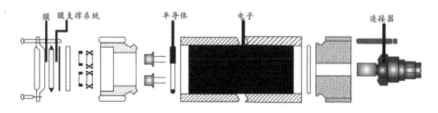

图 8-8　电化学半导体甲烷传感器的结构

某公司创造了首个可以商用的二氧化硅做的甲烷传感器，能直接在原

---

① 　Jordt A，Zelenka C，von Deimling J S，et al．The bubble box：towards an automated visual sensor for 3d analysis and characterization of marine gas release sites[J]．Sensors，2015：15，30716-30735．

地测甲烷。这个传感器里用了聚二甲基硅氧烷膜从海水中提取气体，传感器内部有个箱子，里面有测甲烷的探针和测温湿度的探头。甲烷探针负责测提取出来的甲烷，而温湿度探头则确保探针在合适的环境下工作。当传感探头内部相对湿度达到 100% 时，传感器可以正常使用。该传感器的检测范围为 10 ~ 4000 nmol/L，最大工作水深可达 2000 m，响应时间通常为 1 ~ 30 min。然而，通过聚二甲基硅氧烷膜的其他气体也会在半导体上被氧化，影响仪器的稳定性 [1]、选择性 [2] 和检测限 [3]。

光学传感器具有无损、快速、高精度等优点。市场上也有许多商业化的光学原位甲烷传感器产品。某公司开发了一款深水气体分析仪，该分析仪结合了溶解气膜分离方法和离轴集成腔输出光谱。[4] 该分析仪对甲烷的检测范围为 0.7 ~ 1418.5 nmol，检测精度为 0.001 nmol，响应时间为 5 min，最大工作深度为 3000 m。但抽气膜易受环境条件影响，响应时间长，滞后效应强。Brewer 等报道了首台深海拉曼原位光谱仪，该光谱仪是在全息光谱仪的基础上制造的。[5] 该深海拉曼原位光谱仪使用了一个激光源（波长 532 nm）和一个电荷耦合器件（2048 像素 ×512 像素），探

① Aleksanyan M S. Methane sensor based on SnO2/In2O3/TiO2 nanostructure[J]. Journal of Contemporary Physics，2010，45（2）：77-80.

② Fukasawa T，Hozumi S，Morita M，et al. Dissolved methane sensor for methane leakage monitoring in methane hydrate production[C]//Institute of Electrical and Electronics Engineers. Oceans. Boston：Institute of Electrical and Electronics Engineers，2006：449-454.

③ Fukasawa T，Oketani T，Masson M. Optimized METS sensor for methane leakage monitoring[C]//Institute of Electrical and Electronics Engineers. Oceans. Kobe：Institute of Electrical and Electronics Engineers，2008：1-8.

④ Gülzow W，Rehder G，Schneider B，et al. A new method for continuous measurement of methane and carbon dioxide in surface waters using off-axis integrated cavity output spectroscopy（ICOS）：an example from the baltic sea[J]. Limnology and Oceanography：Methods，2011，9（5）：176-184.

⑤ Brewer P G，Malby G，Pasteris J D，et al. Development of a laser raman spectrometer for deep-ocean science[J]. Deep-Sea Research Part I，2004，51（5）：739-753.

测器和发射源之间有 90° 夹角，以 10 ～ 4400 nm 的光束测量气体。该深海拉曼原位光谱仪已成功应用于深海热液喷口和冷泉甲烷的原位探测和研究。

　　Du 等提出了一种基于拉曼光谱的方法测量水中溶解的甲烷的装置，如图 8-9 所示。[①] 该装置以液芯光纤为基础，采用二极管泵浦固体激光器作为光源，成功探测到溶解在水中的甲烷的富集过程，检出限低于 1.14 nmol/L。

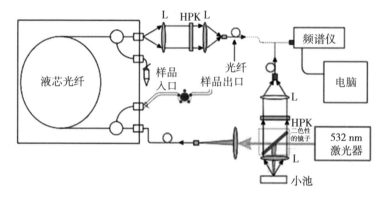

图 8-9　一种基于拉曼光谱的方法测量水中溶解的甲烷的装置

　　Burton 等报道了一种用于探测深海甲烷的光纤折光仪，如图 8-10。[②] 该仪器基于全光纤尖端折光法，尖端传感器可以清楚地探测到甲烷气泡的通过。但是，该系统容易受到污染，如海洋生物污染和非生物膜沉积。

---

① Du Z F, Chen J, Ye W Q, et al. Investigation of two novel approaches for detection of sulfate ion and methane dissolved in sediment pore water using raman spectroscopy[J]. Sensors, 2015, 15（6）: 12377-12388.
② Burton G, Melo L, Warwick S, et al. Fiber refractometer to detect and Distinguish carbon dioxide and methane leakage in the deep ocean[J]. International Journal of Greenhouse Gas Control, 2014, 31: 41–47.

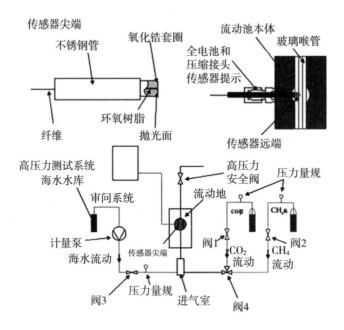

图8-10 一种用于探测深海甲烷的光纤折光仪

Grilli 等报道了一种基于光反馈腔增强的吸收方法的新型海底探测器，用于海水中溶解甲烷的原位检测。[①] 它具有 30 s 内的快速响应时间和从 nmol 到 mmol 的大动态检测范围。

用于水下溶解气体分析的实验室质谱分析仪的小型化也是近年来水下化学传感器发展的一个新方向。水下原位质谱分析仪主要由过滤膜取样系统、电离源、质谱分析仪和检测系统组成。海水中的溶解气体通过聚二甲基硅氧烷膜进入真空分析室，用质谱仪对材料成分进行定量分析。Hemond 等开发了一种名为"Nereus"的独立水下质谱仪系统，可以对溶解在海水中的气体和蒸汽进行原位测量，如大气气体、生物气体和碳氢

① Grilli R，Triest J，Chappellaz J，et al. Sub-ocean：Subsea dissolved methane measurements using an embedded laser spectrometer technology[J]. Environmental Science and Technology，2018，52（18）：10543-10551.

化合物。①Gentz 等报道了一种低功率水下低温阱—膜—入口系统耦合质谱仪。整个系统可以在 −85 ℃ 操作。② 系统能耗小于 10 W。该系统通过低温膜将分析线中的水汽减少 98% 以上，显著降低了目标气体的检出限。甲烷的检出限从 100 nmol/L 降低到 16 nmol/L。然而，这些传感器仅处于实验室阶段，还没有产品实现商业化。

几种具有代表性的商用和非商用海上甲烷传感器的特征如表 8−1所示。

表 8−1　几种具有代表性的商用和非商用海上甲烷传感器的特征

传感器	分析物	传感器原理	探测范围	检测时间	精　度	操作深度
基于二氧化硅的电化学半导体甲烷传感器	水中的甲烷	电化学半导体	10 ～ 4000 nmol	1～30 min	—	2000 m
溶解气体膜分离方法和一个离轴集成腔输出分光光度计	水中的甲烷	光学	0.7 ～ 1418.5 nmol	5 min	0.001 nmol	3000 m
光纤折光计	深海甲烷渗漏	光学	—	90 s	12%	最大950 m
根据光反馈腔增强的吸收方法的海底探测器	水中溶解的甲烷	光学	nmol 到 mmol	30 s	3.3% ～ 9.3%	620 m

---

① 　Hemond H，Camilli R．NEREUS：engineering concept for an underwater mass spectrometer[J]．Trends in Analytical Chemistry，2002，21（8）：526-533．

② 　Gentz T，Schlüter M，et al．underwater cryotrap-membrane inlet system（CT-MIS）for improved in situ analysis of gases[J]．Limnology and Oceanography：Methods，2012，10：317-328．

传感器	分析物	传感器原理	探测范围	检测时间	精　度	操作深度
低温阱—膜—入口系统耦合质谱仪	水中的甲烷	质谱分析	16～100 nmol	1 ms	16 nm	最大200 m

传统的甲烷探测方法是基于样品的间接测量，存在甲烷逸出的可能性，且探测精度较低。电化学电导率传感器的传感精度容易受到其他气体通过透气膜的影响。电化学半导体电导率传感方法已经商业化，但其稳定性、选择性和仪器的检测限易受其他气体的影响。质谱分析仪成本和功耗相对较高，且设备尺寸相对较大。光学传感器由于具有不需要采气步骤、灵敏度高、稳定性好等优点，在现场测量水中溶解甲烷传感方面具有广阔的应用前景。为了满足多变的海洋环境下的传感需求，研究人员应在减小装置尺寸、减小装置内部体积、避免传感过程中甲烷的消耗、减少其他气体的干扰、增加传感器的稳定性等方面加大原位甲烷海洋传感器的开发力度。

8.2.3　水中溶解性气体二氧化碳的监测方法

随着二氧化碳排放量的增加，海水中的二氧化碳含量持续增加。经证实，在人类排放的二氧化碳中，超过四分之一的二氧化碳最终进入了海洋。因此，海洋是二氧化碳的主要聚集地。海洋对人为二氧化碳的吸收可导致海水 pH 的降低，从而显著改变海洋碳酸盐体系。人们常用 6 个参数描述海洋二氧化碳和海洋碳酸盐体系，它们是总碱度、溶解无机碳、二氧化碳分压、pH、碳酸氢盐离子浓度和碳酸盐离子浓度。其中二氧化碳分压和 pH 是最常用的分析参数。常规的海水取样和实验室测量是费时费力的。持续的、自主的原位测量更有希望提供增强的时空数据。

大多数用于二氧化碳测量的传感器基于四种方法：气体分析、电化学、湿化学和荧光光谱测量。其中，只有气体分析传感器已投入商用。气体分析传感器可以将海水中的二氧化碳输送到气相进行分析，而平衡器是气体分析传感器二氧化碳输送的关键设备，包括起泡器、淋浴器、层流器和渗滤床式。膜基平衡器结构紧凑，适用于现场部署，但膜易受不同深度压力变化的影响，进而影响响应时间。电化学测量依赖 pH 传感器测量二氧化碳引起的 pH 变化，pH 的测量通常使用电位微电极。然而，这些传感器的精度只能达到 ±0.01。理想的 pH 测量需要精确到 0.001，以满足精度要求。湿化学法通常是在分光光度法体系的基础上测量海水的 pH，海水的 pH 是通过加入比色性 pH 指示剂后对海水的吸光度来确定的。原位分光光度计的部署存在光源不稳定、气体分离膜劣化、易生物污染等诸多挑战。用于检测海水中溶解二氧化碳的光学器件主要基于透气膜中的分析物敏感指示剂。光电器件已部署在海上进行原位测量，具有低功耗、无机械部件和试剂要求、无废物产生等优点。

到目前为止，用于测量水中二氧化碳的最常用的传感器是气体分析仪，它包括一个用于二氧化碳扩散的气体渗透膜和一个红外传感器。一款基于独特原理设计的 Hydro CTM/CO_2 传感器，作为成功的商用海洋溶解气体原位探测设备，已被广泛应用于各类固定或移动平台，用于实地监测二氧化碳。[1] 如图 8-11 所示，该装置的核心部件包括气液分离装置和红外吸收光谱检测装置。气液分离装置主要由半透膜和硅酮活性层组成，该活性层允许二氧化碳的扩散，并将周围的水从装置中分离出来。二氧化碳的检测基于非色散红外光谱，范围为 0 ～ 200 mmol/L，分辨率 <33.4 nmol/L，响应时间为 60 s，工作水深为 0 ～ 6000 m。[2] 然而，

---

① Fietzek P，Kramer S，Esser D.Deployments of the hydroC™（CO_2/CH_4）on stationary and mobile platforms-merging trends in the field of platform and sensor development[C]//Institute of Electrical and Electronics Engineers．Oceans．Waikoloa：Institute of Electrical and Electronics Engineers，2011：19-22.

② Canning A R，Fietzek P，Rehder G，et al．Technical note：seamless gas measurements across the land–ocean aquatic continuum-corrections and evaluation of sensor data for CO_2，CH_4 and O_2 from field deployments in contrasting environments [J]．Biogeosciences，2021，18（4）：1351-1373.

由于二氧化碳的扩散过程，器件的响应时间较长。该装置的检测性能主要取决于半透膜的材料和厚度。二氧化碳气体流在半透膜中的泄漏是测量误差的主要来源。因此，研究人员有必要对膜进行改进，以减少扩散时间和气体泄漏量。

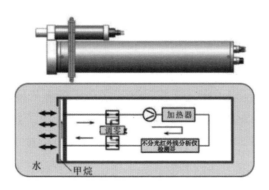

图 8-11 Hydro CTM/CO$_2$ 传感器

在最近的二十年里，许多用于二氧化碳测量的新型传感器被报道。例如，Lu 等报道了一种基于光纤的表层海水原位化学二氧化碳分压传感器，如图 8-12 所示。[①] 该传感器采用聚氯乙烯管和封闭的聚四氟乙烯 AF 管作为长径路透气液芯分光光度计，进一步分析二氧化碳引起的 pH 变化。在 200 ~ 800 µatm（1 atm=101 325 Pa）的二氧化碳分压下，检测时间仅为 2 min，准确度为 0.26% ~ 0.37%。

---

① Lu Z M, Dai M H, Xu K M, et al. A high precision, fast response, and low power consumption in situ optical fiber chemical pCO$_2$ sensor[J]. Talanta, 2008, 76(2): 353-359.

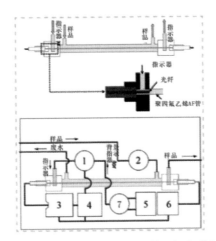

图 8-12　基于光纤的表层海水原位化学二氧化碳分压传感器

Atamanchuk 等报道了一种紧凑、低功耗和长寿命的用于测量二氧化碳分压的光电器件，如图 8-13 所示。[①]该传感器的水下使用寿命可超过 7 个月，在二氧化碳分压为 200 ～ 1000 μatm 时，获得的最佳精度可达 ±2 μatm。

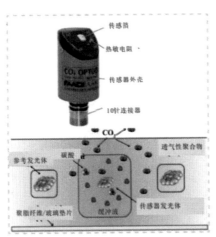

图 8-13　用于测量二氧化碳分压的光电器件

①　Atamanchuk1 D，Tengberg A，Thomas P J，et al．Performance of a lifetime-based optode for measuring partial pressure of carbon dioxide in natural waters[J]．Limnology and Oceanography：Methods，2014，12（2）：63-73．

Zhu 等提出了一种比率平面光电荧光传感器，用于二维成像沉积物和上覆水体中二氧化碳分压分布，如图 8-14 所示。[①] 该装置可以在面积超过 150 cm² 的区域内测量面积大小从 55 μm× 55 μm 到 10 μm× 10 μm 的二氧化碳分压图样。在二氧化碳分压为 0 ～ 20 matm 时，传感器和参考二氧化碳分压的平均相对差为 -0.31%。

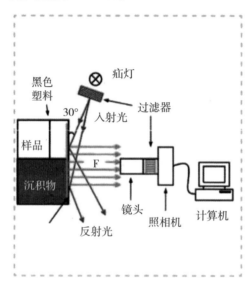

图 8-14　比率平面光电荧光传感器

Graziani 等用小型低成本 GasPro 探针对二氧化碳分压进行了原位连续监测，如图 8-15 所示。[②]

① Zhu Q Z，Aller R C，Fan Y Z．A new ratiometric，planar fluorosensor for measuring high resolution，two-dimensional pCO₂ distributions in marine Sediments[J]．Marine Chemistry，2006，101（1/2）：40-53．

② Graziani S，Beaubien S E，Bigi S，et al．Spatial and temporal pCO₂ marine monitoring near panarea island（Italy） using multiple low-cost gaspro sensors[J]．Environmental Science and Technology，2014，48（20）：12126-12133．

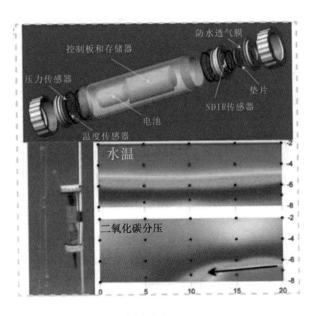

图 8-15　小型低成本 GasPro 探针

对于所有用于现场（原位）分析二氧化碳的传感器而言，它们都面临一个共同的问题，即温度交叉灵敏度，这意味着温度的变化会影响传感器的测量准确性，因此，进行额外的温度测量是必要的。Borisov 等提出了一种同时检测氧气、二氧化碳、pH 和温度的平面光学传感器，如图 8-16 所示。① 它结合了多层材料和两个光谱独立的双传感系统。

①　Borisov S M，Seifner R，Klimant I．A novel planar optical sensor for simultaneous monitoring of oxygen，carbon dioxide，ph and temperature[J]．Analytical and Bioanalytical Chemistry，2011，400（8）：2463-2474．

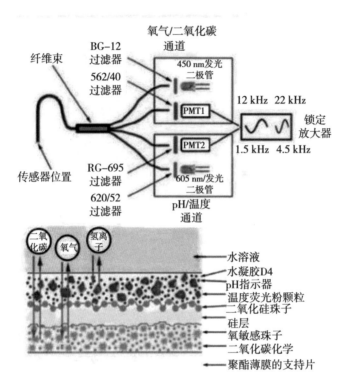

图 8-16　同时检测氧气、二氧化碳、pH 值和温度的平面光学传感器

几种具有代表性的商用和非商用原位海洋二氧化碳传感器的特征如表 8-2 所示。

表 8-2　几种具有代表性的商业性和非商业性的原位海洋二氧化碳传感器的特征

传感器	分析物	传感器原理	探测范围	检测时间/s	精　度	操作深度 /m
Hydro CTM/CO$_2$ 传感器	海水中的二氧化碳浓度	透气膜光学	0 ~ 200 mm	60s	分辨率 < 33.4 nmol/L	0 ~ 6 000
光纤传感器	二氧化碳分压	光学	200 ~ 800 μatm	120s	0.26% ~ 0.37%	0 ~ 1

续 表

传感器	分析物	传感器原理	探测范围	检测时间/s	精　度	操作深度/m
紧凑、低功耗、长寿命的光电器件	二氧化碳分压	光学	200 ～ 1000 μatm	45 ～ 264s	±2 μatm	5 ～ 12.6
比率平面光电荧光传感器	二维成像沉积物和上覆水体中二氧化碳分压的分布	光学	0 ～ 20 matm	～ 150s	−0.31%	0 ～ 0.04
GasPro探针	二氧化碳分压	透气膜光学	0.4-4.6 matm	120s	±2% 准确性和一个探测限制 0.02 毫米	0 ～ 30
平面光学传感器	氧气，二氧化碳，pH和温度	光学	0 ～ 4kpa	35s		

8.3 在线高频水质监测面对的挑战与应对

8.3.1 当前在线高频水质监测领域面临的主要挑战

在线高频水质监测领域在快速发展的同时，面临着一系列的挑战。这些挑战涉及技术、环境和政策等多个方面，它们对于在线高频水质监测的有效性和可靠性产生了深远的影响。

在线高频水质监测的首要挑战是监测技术的精度和可靠性有待提高。尽管现代技术已经取得了显著进步，但在复杂的环境条件下，如何保持数据的精确度和稳定性仍然是一个难题。例如，传感器的长期稳定性、数据的准确传输及环境变化对监测设备的影响都是需要解决的问题。

而气候变化和人类活动的加剧，令在线高频水质监测面临着更加复杂的环境挑战。气候变化导致的极端天气事件，如洪水和干旱，以及工业和农业活动产生的污染，都对水质产生了显著影响。在线高频水质监测系统必须能够适应这些环境变化，及时准确地反映水质状况。

在政策和管理层面，制定有效的水质监测规范和促进国际合作同样具有挑战性。不同国家和地区的水质标准可能存在差异，这要求监测系统具有一定的灵活性，以适应不同的监测需求和标准。

社会经济层面的挑战包括有效的资源分配和增强公众对水质问题的意识。水质监测资源的分配需要考虑成本效益，确保在关键区域和关键参数上的投入能够带来最大的监测效果。公众对水质问题的意识的增强和参与度的提升对于促进水资源的可持续管理至关重要。这些挑战要求在线高频水质监测领域不断创新和进步，以提高监测方法的效率和准确性，从而更好地应对环境变化，以及促进社会经济层面的积极变化。

8.3.2　技术创新应对在线高频水质监测挑战

在应对在线高频水质监测领域所面临的挑战方面，技术创新发挥着关键作用。从新兴监测技术的开发到数据处理和分析方法的进步，这些创新不仅提高了监测的效率和准确性，还增强了系统的灵活性和适应性。

新兴监测技术，如遥感、人工智能、机器学习和大数据分析的应用，正在革新传统的水质监测方法。这些技术提供了更高的数据精度、更广的监测范围，以及更快的响应时间。例如，遥感可以监测大范围的水体，人工智能能够实时处理大量数据，快速识别水质变化。机器学习和大数据分析可以从复杂的数据集中提取关键信息，预测水质变化趋势。这些技术的应用不仅加快了数据处理速度，还提高了分析的准确性，使监测团队可以及时做出有效的管理决策。

为了应对环境变化的挑战，水质监测系统需要具备足够的灵活性和适应性。这意味着监测方法需要能够快速适应不同的环境条件和监测需求。
例如，智能传感器可以根据环境变化自动调整监测参数，模块化的监测系
统可以根据需要快速扩展或改变。在线高频水质监测挑战的应对还需要集
成来自不同源的数据和采用跨学科的方法。结合环境科学、数据科学、工
程技术等多个领域的知识，监测团队可以更全面地理解和分析水质问题。
这种跨学科的集成不仅提高了监测的全面性，还为发现新的解决方案提供
了可能。技术创新在应对在线高频水质监测领域的挑战中发挥着至关重要
的作用。这些创新让人们可以更有效地监测水质，促进水资源和环境的可
持续发展。

8.3.3　国际合作和环境政策在在线高频水质监测挑战中的作用

在应对水质监测领域的挑战中，国际合作和环境政策扮演着至关重要
的角色。国际的协调合作和有效的政策能够支持监测技术的发展，并促进
全球水资源的可持续管理。

制定统一且实用的水质监测规范对于保证监测数据的质量和可比性至
关重要。这些规范可以确保监测数据的准确性和一致性。鉴于水资源问题
往往跨越国界，国际合作显得尤为重要。在国际合作中，不同国家和地区
可以共享监测数据、技术和经验，共同应对跨国界的水质问题。例如，共
享跨境河流的监测数据可以帮助相关国家和地区更好地理解和管理这些水
资源。国际会议和合作项目也能促进监测方法的交流与改进。

环境政策可以通过资金支持和确立研究项目等方式推动监测方法的发
展和创新。环境政策也可以鼓励私营部门和学术界参与监测技术的研究和
应用，促进技术的商业化和普及。灵活和前瞻性的政策可以更有效地保护
和管理水资源。

国际合作和环境政策在应对在线高频水质监测的挑战中扮演着重要角
色。这些努力可以提高在线高频水质监测的全球标准，促进方法和信息的
共享，支持监测方法的创新，以及应对全球变化的挑战，从而共同促进全
球水资源的可持续管理和保护。

8.3.4 社会经济因素在在线高频水质监测挑战中的影响

社会经济因素对在线高频水质监测的效果和公众参与度具有深远的影响。资源的合理分配、公众教育和参与对于提高在线高频水质监测的效果至关重要。

资源的有效分配是提高监测效率和扩大覆盖范围的关键。这不仅涉及财政投入，还包括技术资源和人力资源的合理配置。例如，资金可以用于购买和维护先进的监测设备，支持监测网络的扩展和升级；对培训和教育的投资也是必要的。这样可以确保有足够的专业人员进行高质量的水质监测和数据分析。公众对水质问题的意识和参与在水质监测中也发挥着重要作用。通过教育和宣传活动等方式可以提高公众对水资源保护的认识，促进社会对水质问题的关注；鼓励公众参与水质监测活动，如公民科学项目，可以增强社区对水资源管理的参与度和责任感。这种参与不仅有助于数据收集，还能促进社区对水质保护的积极行动。

经济发展水平对水质监测的能力和质量有着直接影响。在经济较发达的地区，通常有更多的资源投入水质监测和管理中，从而拥有更先进的技术和设备。相反，在经济较落后的地区，水质监测可能面临资金和技术的限制。因此，支持这些地区的水质监测能力建设和技术升级是一项重要任务。合理的资源分配、增强公众意识和参与，以及有效的经济策略，可以显著提高水质监测的效果，促进水资源的可持续管理和保护。

8.4　在线高频水质监测未来的研究方向与重点

8.4.1　未来在线高频水质监测研究的方向与重点概述

水质的在线自动监测已经成为环保部门及时获取连续监测数据的重要手段。这种系统能在几分钟内完成数据采集，并将水源地的水质信息传送至环境分析中心的服务器。一旦监测到某种污染物的浓度异常，环境监管部门便能迅速采取行动并进行详细分析。因此，水质在线分析系统的最大优势在于其能够迅速且准确地提供水质监测数据。

Kirchner 等在 2004 年发表了有关未来在线高频水质监测的预测文章，其认为在线高频水质监测将是未来几十年的主流发展方向。① 近年来，在线高频水质监测领域的技术发展和应用证实了其观点。

未来在线高频水质监测的研究将聚焦一系列创新的方向，以应对日益增长的环境挑战和技术需求。从技术创新到全面的管理策略，未来的在线高频水质监测研究将探索更高效、更可持续的方法。技术创新必是未来在线高频水质监测研究的核心。未来预计将出现更先进的监测设备、更精确的数据分析方法和更智能的管理系统。例如，新型传感器技术可以提高监测数据的准确性和实时性；机器学习和人工智能可以更有效地处理和分析大规模数据集，为水质管理提供深入洞察。

随着全球气候变化和人类活动的影响加剧，未来的在线高频水质监测研究需要进一步关注环境变化的适应性。这包括研究如何调整监测策略以应对极端天气事件，如何监测和管理由于气候变化引起的新型污染问题，以及如何预测和缓解这些变化对水资源的影响。全球水资源管理是未来研究的另一个重要方向。这包括开发跨国界水资源共享和管理的策略、研究全球水循环的变化，以及探索可持续的水资源利用和保护方法。从全球化的视角出发对于理解和解决水资源问题至关重要，特别是在面对全球环境变化的背景下。而在线高频水质监测系统的应用，有助于环保部门建立大范围的监测网络，收集监测数据，以确定目标区域的污染状况和趋势。随着监测技术和仪器仪表工业的发展，环境水质监测工作开始向自动化、智能化和网络化为主的监测方向发展。

---

① Kirchner J W，Feng X H，Neal C，et al．the fine structure of water‑quality dynamics：the （high‑frequency）Wave of the future[J]．Hydrological Processes，2004，18（7）：1353‑1359．

8.4.2　未来在线高频水质监测技术的具体创新方向

未来在线高频水质监测技术的发展将集中在实现更高效、更精确的监测方法上。这涉及新型传感器的开发、数据分析方法的改进，以及将这些方法应用于实际监测中。

未来的在线高频水质监测将极大地受益于新型传感器技术的发展。这些传感器预计将更加小型、灵敏、耐用，并能够实时传输数据。例如，纳米技术和生物传感器的应用有望提高污染物检测的灵敏度和特异性。无线传感器网络可以实现对大范围水域的连续监测，为水质管理提供实时数据。随着大数据技术的进步，未来在线高频水质监测将更加依赖高级数据分析方法。机器学习和人工智能可以帮助处理大量复杂的监测数据，从中提取有用的信息，预测水质变化趋势。例如，时间序列分析和模式识别可以用来识别水质参数的长期变化，为水资源管理决策提供科学依据。

集成监测系统的开发也将是未来水质监测的一个重要方向。这样的系统将结合传感器技术、数据通信和分析软件，实现水质监测的自动化和智能化。例如，集成监测系统可以自动调整监测频率和参数，根据实时数据进行自我校准，从而提高监测的准确性和效率。

未来，在线高频水质监测中远程监测和无人监测技术将扮演越来越重要的角色。这包括使用无人机和卫星遥感进行大范围水质监测，以及在偏远或危险区域部署自动监测设备。这些技术不仅可以扩大监测范围，还可以提高对偏远地区和极端环境下水质变化的监测能力。未来水质监测技术的发展将集中在提高监测的精确性、效率和范围上。

8.4.3　未来环境变化适应性研究在水质监测领域的重要性

全球气候变化和环境压力的加剧，使环境变化适应性研究在在线高频水质监测领域变得越来越重要。这些研究将集中于如何调整监测策略以有效应对极端天气事件和新型污染问题，以及预测和缓解这些变化对水资源的影响。

极端天气事件，如洪水和干旱，对水质有巨大影响。未来的研究需要探索如何调整在线高频水质监测策略以应对这些事件。这包括开发能够快速部署和响应的监测系统，以及研究极端事件对水质参数变化的影响。例如，洪水期间可能需要增加对悬浮物和病原体的监测，干旱期间需关注水体中污染物浓度的变化。工业化和城市化的发展产生的新型污染物，如微塑料和药物残留物，已成为水质监测的新挑战。未来的研究需要关注如何有效监测这些新型污染物，并评估它们对水环境和人类健康的潜在影响。这要求开发更灵敏和专业的监测方法，以及研究这些污染物的行为和传输机制。

预测和缓解气候变化和环境压力对水资源的影响成为重要的研究课题。这包括研究气候变化对水循环和水质的长期影响，以及开发减缓策略和制订适应性管理措施。未来的在线高频水质监测系统需要具备更强的适应性和灵活性，以应对快速变化的环境条件。这要求监测系统能够快速调整监测策略和方法，以应对不同的环境变化。监测系统应具备较强的数据处理和分析能力，以及时响应环境变化带来的挑战。

参考文献

白静文. 关于水质自动站管理的几点思考 [J]. 科技风，2020（7）：140.

蔡文菁. 城市入河口排污水质自动检测方法研究及其系统实现 [D]. 南京：南京林业大学，2022.

常映辉. 甲烷传感器的应用改进研究 [J]. 江西化工，2022（4）：19-21.

陈继耿. 地表水水质自动检测数据技术评估 [J]. 资源节约与环保，2015（7）：112.

陈进顺，袁东星，刘宝敏. 水体有机磷含量在线自动滴定检测装置 [J]. 分析仪器，2005（2）：13-15.

陈晶晶，吕敏，阮志德，等. 天然生物保鲜剂应用于海鲜保鲜的研究进展 [J]. 安徽农业科学，2023（2）：9-14，20.

陈婧，林振景，任汉英. QH 菌微生物传感器测试海水 BOD 的性能 [J]. 河北环境工程学院学报，2021（6）：48-52.

成立，张莉，沈常宇. 基于 ZIF-8 的双错位光纤二氧化碳传感器 [J]. 中国计量大学学报，2023（3）：437-441.

戴孙放. 多通道水质巡回检测系统的设计 [J]. 中国市政工程，2005（4）：46-48.

丁则信. 工业废水计算机自动检测仪 [J]. 工业水处理，1999（6）：35-36，48.

董昌民，朱文庆，师兰婷，等．含杂原子多孔有机聚合物的制备及其吸附性能 [J]．纺织高校基础科学学报，2023（4）：21-28．

杜浩．关于地表水水质自动检测数据技术评估 [J]．当代旅游（高尔夫旅行），2018（12）：165．

干海珠．联合国环境规划署简讯 [J]．世界环境，2002（3）：47-48．

郜愫，郜洪文．天然水体氟化物自动检测方法研究 [J]．分析试验室，2021（12）：1399-1403．

桂景川，李彩，孙兆华，等．海水硅酸盐原位快速检测方法研究 [J]．海洋技术学报，2014（2）：76-80．

韩学东，田忠旺．浅析检定液相色谱仪应注意的问题 [J]．品牌与标准化，2023（3）：156-158．

何适．水质硝态氮的紫外－可见吸收光谱建模方法研究及实现 [D]．重庆：重庆邮电大学，2022．

侯贝．城市环境污水治理存在的问题及对策探析 [J]．黑龙江环境通报，2023（9）：80-82．

胡凤英．铁污染离子交换树脂复苏剂的改进 [J]．有色冶炼，2002（6）：187，218．

胡高垚，林妍，吴纪贞，等．海南某市 79 家泳池消毒状况及卫生管理调查 [J]．基层医学论坛，2020（25）：3693-3695．

胡石，姜真，陈心怡．基于 GPRS 的无线远程监控系统的设计与开发 [J]．城市建设理论研究（电子版），2015（16）：5353-5354．

姜美沙．谈谈 pH 玻璃电极 [J]．品牌与标准化，2010（6）：53．

姜霞，彭涛．碳基材料修饰电极的电化学传感器在农残检测中的应用研究 [J]．农业科技与信息，2023（2）：124-128．

蒋达，吴雪兰，龙红明，等．碳基材料表面改性及吸附性能的研究进展 [J]．应用化工，2023（7）：2178-2183．

库尔班江·努尔麦提．碳基材料吸附去除废水中铬的研究进展 [J]．化工技术与开发，2022（4）：56-60．

李炳南，蒋雪中，恽才兴. 海籍管理系统中用海变化的自动检测方法 [J]. 地球信息科学学报，2013（5）：680-687.

李恒，李洋，佟建华，等. 水质总氮检测的电化学传感器自动分析系统 [J]. 太赫兹科学与电子信息学报，2015（6）：952-956.

李龙兴. 基于信息融合的水质氨氮自动检测系统研制 [D]. 镇江：江苏大学，2021.

李清. 水质氮磷自动检测系统的研究 [D]. 无锡：江南大学，2011.

李随群，蔡郡倬，高祥，等. 基于物联网的水质在线自动监测系统研究与实现 [J]. 四川理工学院学报（自然科学版），2018（4）：56-62.

李希媛，管冬兴，李苏青，等. DGT/DET 与 CID 技术联用获取环境微界面元素异质性分布特征：进展与展望 [J]. 生态学杂志，2022（2）：371-381.

李雅杰，梁庆有. P9829 型 CODCr 水质在线自动检测仪的使用与维护 [J]. 民营科技，2012（2）：46.

刘冰洲，陶博，刘舵，等. 水质氨氮自动检测仪的设计 [J]. 测控技术，2015（10）：9-11，22.

刘琛. 浅谈锅炉水质指标自动检测系统的原理与设计 [J]. 山东工业技术，2018（3）：191.

刘桂生，张国育，陈粤坚，等. 智能化 TDR-25 型气氡传感器的设计 [J]. 地震地磁观测与研究，2003（4）：61-68.

刘杰. 地表水水质自动检测中存在的问题探讨 [J]. 环境与发展，2019（7）：143-144.

刘鹏. 基于云平台的实验室环境监测系统设计 [J]. 工业控制计算机，2023（9）：104-105，107.

鲁华，马灵威，佟建华，等. 基于顺序注射技术的小型总磷自动检测系统 [J]. 传感器与微系统，2017（2）：124-126，130.

罗勇钢，吴建，刘冠军，等. 地下水原位监测浊度传感器设计 [J]. 自动化仪表，2023（12）：12-15.

马灵威，鲁华，边超，等. 基于光学检测平台的磷酸盐小型自动检测系统

[J]. 太赫兹科学与电子信息学报，2017（3）：518-522.

毛文珏. 关于水处理工艺过程中的自动检测与分析仪表研究 [J]. 自动化应用，2017（12）：157-158.

苗雪杉，王帆，任志敏，等. 水中溶解氧测定方法 [J]. 科技创新与应用，2023（31）：150-153.

森特纳，朱庆云. 美国《清洁水法》的公众参与要求辨析 [J]. 水利水电快报，2011（5）：1-4，27.

砂原广志，栾云. 石油化工污水治理的自动管理技术 [J]. 石油化工环境保护，1988（2）：11-20.

石磊. 自动监测系统在水环境监测中的应用 [J]. 资源节约与环保，2021（7）：40-41.

唐小燕，李霞，王晓萍，等. 基于物联网和光电子技术的环境自动检测仪器和系统 [J]. 大气与环境光学学报，2017（1）：50-57.

汪媛媛. 水处理工艺过程中的自动检测与仪表分析 [J]. 食品安全导刊，2020（29）：36-37.

王恒亮，于茜. 自动监测技术在环境保护中的应用 [J]. 现代工业经济和信息化，2016（16）：93-94.

王洪亮，高杨，程同蕾，等. 营养盐传感器在海洋监测中的研究进展 [J]. 山东科学，2011（3）：32-36.

王琳杰，余辉，牛勇，等. 抚仙湖夏季热分层时期水温及水质分布特征 [J]. 环境科学，2017（4）：1384-1392.

王伟. 云计算原理与实践 [M]. 北京：人民邮电出版社：2018.

吴德操. 面向地表水环境的分布式紫外—可见光谱水质在线检测监测系统关键技术研究 [D]. 重庆：重庆大学，2016.

吴连港. 基于 Qt 的嵌入式水质检测系统界面软件设计 [J]. 农业装备与车辆工程，2021（11）：140-142.

吴宁，马海宽，曹煊，等. 基于荧光法的光学海水叶绿素传感器研究 [J]. 仪表技术与传感器，2019（10）：21-24，29.

吴亚，顾涓涓，张红梦. 水质自动检测数据处理系统的设计与实现 [J]. 安徽农学通报，2018（13）：113-115.

肖金球，徐树梅，高丽燕. 水污染淤积密度指数自动在线测试装置 [J]. 传感器技术，2005（6）：55-57.

小黄鱼儿. 世界卫生组织之来源 [J]. 中外文摘，2020（17）：50-51.

邢婉丽，欧国荣，刘雪梅，等. 便携式亚铁离子光化学传感器的研究 [J]. 分析试验室，2000（2）：83-86.

徐乐，朱大昕，刘君. 高通量多参数水质仪自动测定水样的研究 [J]. 分析仪器，2015（4）：1-5.

徐一鸣，别清峰，李云蹊，等. 有机聚合物渗透汽化膜研究进展 [J]. 膜科学与技术，2023（3）：140-147.

许丽永. 溶解氧传感器测定亚铁离子与氧气反应的实验探究 [J]. 高中数理化，2021（10）：74-75.

闫起发. 浅析鸳鸯湖水库水环境现状 [J]. 地下水，2018（5）：67-69.

杨楚鹏. 全球生物地球化学循环：探寻地球新陈代谢过程的钥匙 [J]. 科技风，2018（31）：204，208.

杨金明，朱红飞. 升降式水产养殖水质自动检测系统设计 [J]. 渔业现代化，2016（4）：1-5.

杨彦明，戴向前，王志强.《欧盟水框架指令》下的西班牙地下水利用 [J]. 水利发展研究，2018（3）：64-67.

佚名. JavaScript 库：Tangle[J]. 程序员，2013（9）：13.

佚名. 美国地质调查局（USGS）简介 [J]. 地质与勘探，2003（4）：95-96.

佚名. 无机氧化物 [J]. 无机盐工业，2005（6）：17.

易媛媛. 基于 SERS 的海洋污染物 PAHs 探测传感器 [J]. 舰船电子工程，2013（11）：118-121.

于佳佳，沈辉，王玉涵，等. 基于不同背景选取方式四极质谱仪数据库匹配分析 [J]. 分析试验室，2024（5）：726-730.

于仁文. 解密海鲜的营养价值 [J]. 健康博览，2013（6）：57-58.

余潘. 基于光纤传感器的水质色度自动检测方法研究 [D]. 杭州：中国计量大学，2012.

岳超，宛西原，何航，等. 基于电化学检测方法的水质检测系统设计研究 [J]. 自动化与仪器仪表，2015（1）：4-7.

张景艳. 基于光纤传感器的饮用水水质色度自动检测方法分析 [J]. 食品安全导刊，2016（33）：66.

张铃丽，李志梅. 一种环境自适应的光纤传感网络自修复方法 [J]. 激光杂志，2022（7）：154-158.

张茹娜. 自供电的水质检测与取样嵌入式系统设计 [D]. 合肥：合肥工业大学，2017.

张文启，薛罡，饶品华. 水处理技术概论 [M]. 南京：南京大学出版社，2017.

张雪，梁振江，谢廷道，等. 鱼塘含氧量自动检测控制装置研究 [J]. 安徽农业科学，2014（15）：4656-4657，4659.

赵超. 面向水产养殖的水质多参数巡回监测系统研制 [D]. 镇江：江苏大学，2019.

郑李仁. 水产养殖环境自动检测与控制系统 [D]. 天津：天津科技大学，2013.

朱鸿军，王涛. 人工智能国际传播研究：回顾、反思与展望 [J]. 对外传播，2023（12）：13-16，21.

朱烈锋，张新华. 锅炉水质指标自动检测系统的原理与设计 [J]. 新技术新工艺，2003（12）：11-13.

朱少昊，孙学萍，谭婧盈，等. 比色和荧光双模式农药残留传感新方法研究 [J]. 光谱学与光谱分析，2023（9）：2785-2791.

邹莹莹. 简述水质自动监测技术及自动监测仪器的发展与应用 [J]. 黑龙江科技信息，2012（28）：48.

闫志为，韦复才. 地下水中 CO_2 成因分析 [J]. 中国岩溶，2003，22（2）：118-123. doi：10.3969/j.issn.1001-4810.2003.02.007.

俞建国，杜文越，王华，周小红. 岩溶碳汇效应研究中"碳"测定的不确定度分析——以溶解性无机碳为例 [J]. 中国岩溶，2012，31（3）：333-338.

Adams H，Barrowman P，Southard M，et al. Water quality monitoring using particle analysis[J]. Journal American Water Works Association，2023，115（9）：52-58.

Ayankojo A G，Reut J，Öpik A，et al. Hybrid molecularly imprinted polymer for amoxicillin detection[J]. Biosensors and Bioelectronics，2018，118：102-107.

Bieroza M，Acharya S，Benisch J，et al. Advances in catchment science，hydrochemistry，and aquatic ecology enabled by high-frequency water quality measurements[J]. Environmental science and technology，2023，57（12）：4701-4719.

Clites T R. Anatomics：Co-engineering body and machine in pursuit of synergistic bionic performance[J]. Current Opinion in Biomedical Engineering，2023，28：100490.

Ivanković A，Marić M，Petrović D，et al. Monitoring of the water quality of lake blidinje and examination of the prognostic Model[J]. Acta Universitatis Sapientiae：Agriculture and Environment，2023，15（1）：74-84.

Jang T，Hong E，Kim J-H，et al. water quality seasonal variation assessment of the Gongji and Yaksa Streams，Chuncheon，South Korea[J]. Environmental Monitoring and Assessment，2023，195：1465.

Jia J L，Luo C，Hou Z Y，et al. Fisheries water quality monitoring improvement System[J]. Journal of Physics：Conference Series，2023，2632（1）：012016.

Kobulova B B，Yazdonov U T，Aitbayeva K K，et al. Ecological characteristics of algoflora of lake khadicha and monitoring water quality[J]. IOP Conference Series：Earth and Environmental Science，2023，1284（1）：012035.

Li J Z，Li Y M，Yu Y H，et al. Evaluating the capabilities of China's new satellite HJ-2 for monitoring chlorophyll a concentration in eutrophic lakes

[J]. International Journal of Applied Earth Observation and Geoinformation, 2024, 126：103618.

Miura A, Parra L, Lloret J, et al. UV absorption spectrum for dissolved oxygen monitoring：a low−cost proposal for water quality monitoring [J]. Photonics, 2023, 10（12）：1336.

Pandey R, Tiwari S K. Recent advances in nanocarbons：status and Prospect[J]. Nanocarbon Allotropes Beyond Graphene, 2023, 1：1−57.

Piniewski M, Mehdi B, Bieger K. Advancements in soil and water assessment tool（SWAT）for ecohydrological modelling and application[J]. Ecohydrology and Hydrobiology, 2019, 19（2）：179−181.

Razguliaev N, Flanagan K, Muthanna T, et al. Urban stormwater quality：a review of methods for continuous field monitoring[J]. Water Research, 2024, 249：120929.

Rode M, Angelstein S H N, Anis M R, et al. Continuous In−stream assimilatory nitrate Uptake from high−frequency sensor measurements[J]. Environmental Science and Technology, 2016, 50（11）：5685−5694.

Scott A W, Frobenius R. RF measurements for cellular phones and wireless data systems[M]. New York：IEEE, 2018.

Shukla A, Matharu P S, Bhattacharya B. Design and development of a continuous water quality monitoring buoy for health monitoring of river Ganga[J]. Engineering Research Express, 2023, 5（4）：045073.

Simon S A, Meyers B C, Sherrier D J. MicroRNAs in the rhizobia legume symbiosis[J]. Plant Physiology, 2009, 151（3）：1002−1008.

Sudheep C V, Verma A, Jasrotia P, et al. Revolutionizing gassensors：the role of composite materials with conducting polymers and transition metal oxides[J]. Results in Chemistry, 2024, 7：101255.

Werner B J, Lechtenfeld O J, Musolff A, et al. Small−scale topography explains patterns and dynamics of dissolved organic carbon exports from the riparian zone of a temperate, forested catchment[J]. Hydrology and Earth System Sciences, 2021, 25（12）: 6067-6086.

Wu Y Q, Washbourne C, Haklay M. Inspiring citizen science innovation for sustainable development goal 6 in water quality monitoring in China [J]. Frontiers in Environmental Science, 2023, 11 : 1234966.

Zhu Z Z, Zhu J Y, Zhao J L, et al. Natural receptor-based competitive immunoelectrochemical assay for ultra-sensitive detection of siglec 15[J]. Biosensors and Bioelectronics, 2019, 151（C）: 111950.

Zingraff-Hamed A, Schröter B, Schaub S, et al. Perception of bottlenecks in the implementation of the European water framework directive[J]. Water Alternatives, 2020, 13（3）: 458-483.